做自己才是真正的「贵族」

韦娜 著

WEINA WORKS

To be
yourself
is to be
truly
rich

中国友谊出版公司

就算不快乐也不要皱眉,

因为不知道谁会爱上你的笑容。

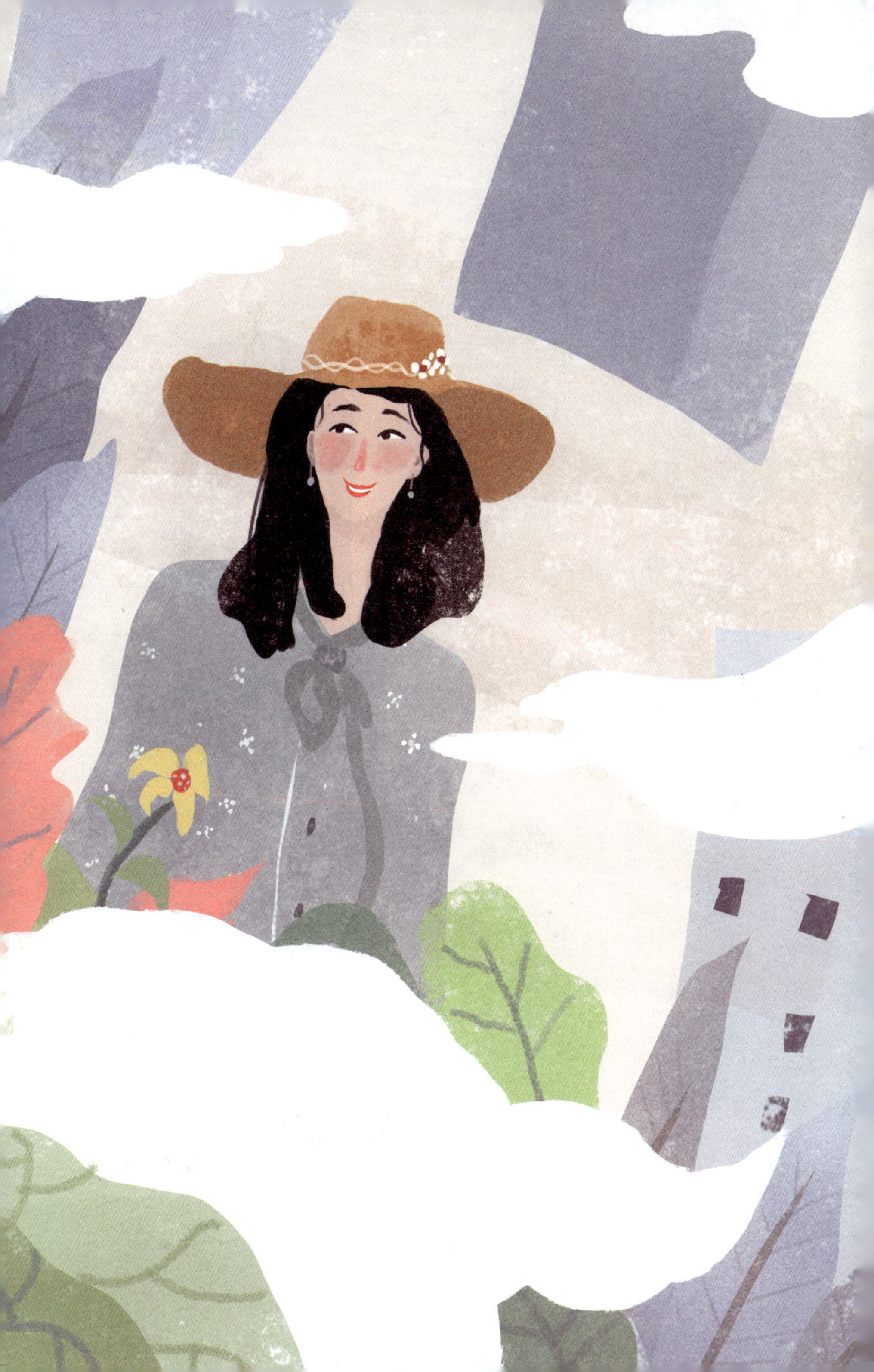

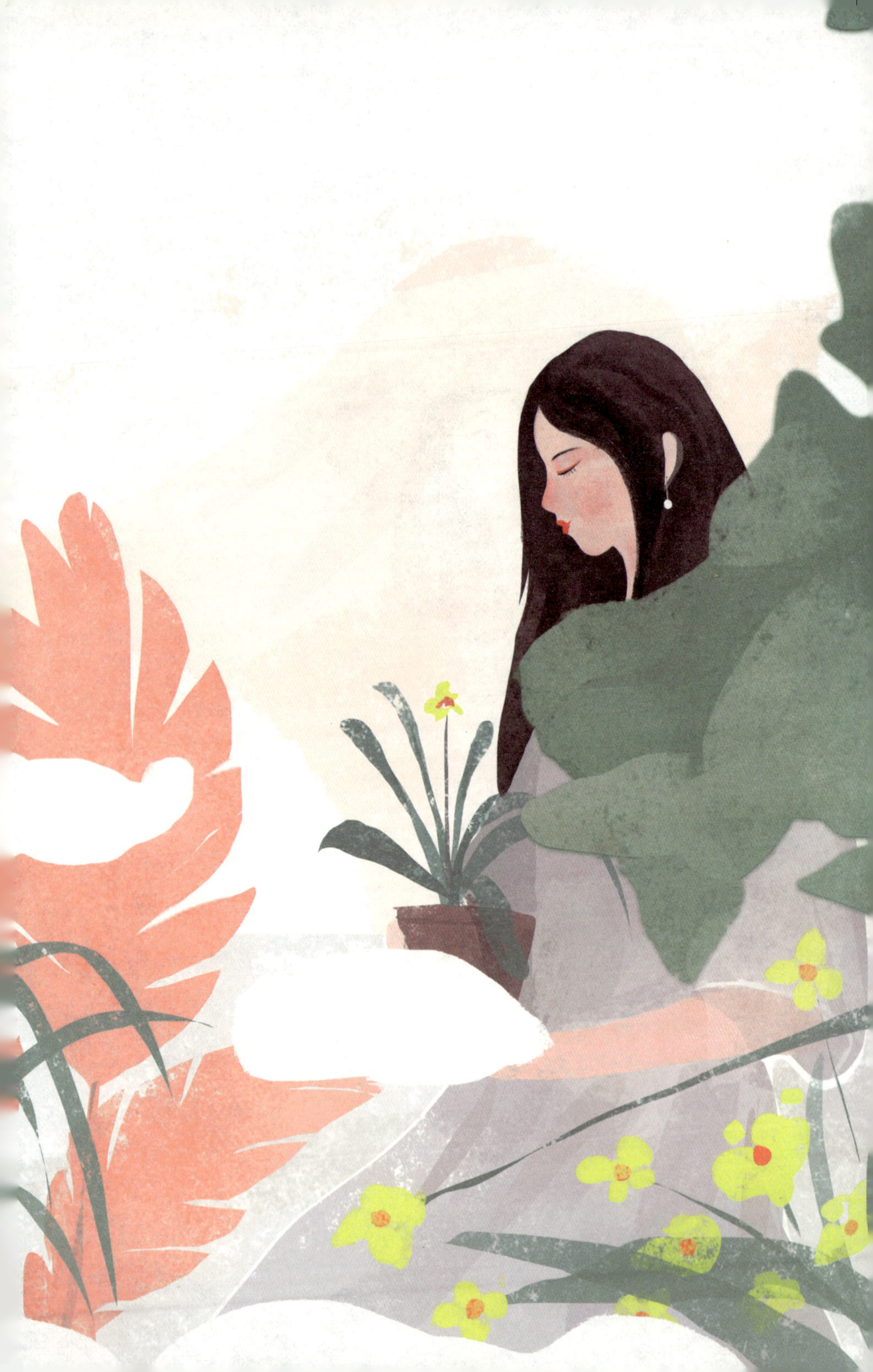

多要求自己，会更加独立。

做一个努力爬的蜗牛,

和坚持飞的笨鸟。

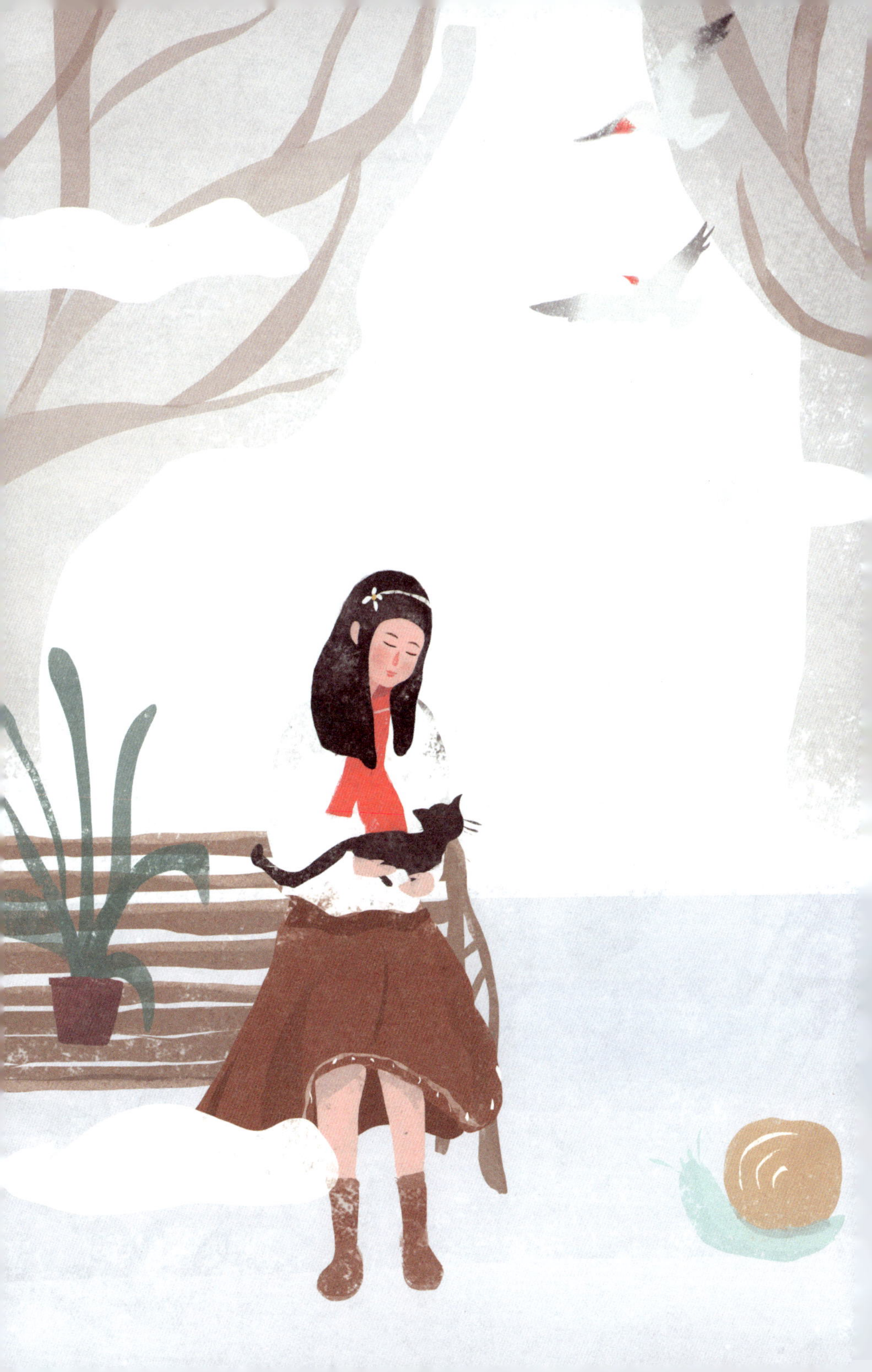

没有一个女孩，

只具有单一的性感，

或普通的魅力。

目　录
contents

很庆幸，年轻时我不是一个美人	001
钱和安全感，相亲又相爱	007
在你自己的时区里，一切都准时	012
出身平凡，也要活得自然	017
我们不是迷茫，其实就是怂	022
2017 年，我终于买了人生中的第一套房	027
等待一个人就像是荡秋千，你永远停不下来	031
卢正雨的喜剧会让我们内心有一种温暖的感觉	035

只在年少时拥有年轻,是件可惜的事	040
找到你成长路上的一束光	045
最好的青春,就是多年后你我还若从前	051
母亲曾出现在她十三岁那个夏天	056
在爱中,我永远不要成为那个酷酷的人	061
拿更好的自己去爱你	066
做一个有鲜花陪伴的女人	071
未来的某一天我要迎娶你	075
不声嘶力竭的痛苦,不代表没有心碎的时刻	080

对不起，你这样，我真的很介意　　　　　　085

残酷的世界，我愿做没有武器的善良人　　089

年轻的时候没有失败的概念　　　　　　　093

不要在原地悲伤，要向前跨越　　　　　　100

灵魂必需的东西，是金钱无法购买的　　　105

心疼自己，终身浪漫的开始　　　　　　　110

世间万千种宠爱，你只能走在自己的路上　116

外表的伪装，是成长的盔甲　　　　　　　123

任何改变未来的可能，都值得去冒险	**128**
爱的能力就是，受伤了还敢继续爱	**134**
我有一个哥哥	**139**
泪点低的人更为幸福	**145**
爱上了那个认真的人	**149**
你是爱过谁的"段小姐"	**153**
我爱这个世界，从尊重你的期待开始	**157**
岁月是最好的手工匠人	**163**
远离过度消费我们的人	**168**

正面的争吵,是一种亲密的交流	173
把生活当做一场弹性的场地	177
请别以对我好的名义惩罚我	181
人,暖一点好	185
拥有一样东西并不难,难的是一直拥有着	189
请原谅我们都是后知后觉的人	194
黑夜中也健步如飞的人	199
每个男人心中都有一个"英雄梦"	206
假如给我一个机会,让我回到过去	211

即使你的梦想很昂贵也要去做	216
来北京的第一顿火锅	220
若时光赐予我欢喜，皆是因为你	224
年轻时的孤独，是你成长中最好的朋友	230
兜兜转转，你要学会从容地转换	234
你难过得太表面，像没天赋的演员	238
你那些年做过的大事，吹过的牛皮	243
后记：只有你去过更远的地方，才知道哪里是远方	249

有月有画，有书安宁；
不必远行，已成风景。

很庆幸,年轻时我不是一个美人

去一个大学做演讲时,我提问了一个问题:"对自己的外表不满意的同学,请举手!"

结果,哗啦啦,有三分之二的学生举起手来。

其中一个女孩说:"我觉得自己真的很丑,我对自己的发型、体型一直不满意,但我不知道怎么改变,才能变成自己喜欢的样子。"

她的话一说出口,学生们一片哗然。

我也很惊讶。在我看来,这个女孩已经很漂亮了,除非她是个完美主义者,要么就是她自卑,不然怎么会如此不自信呢?

她说:"我现在很排斥上街,你看看街头那些人,美容院的销售告诉你再不保养你的脸就会衰老,健身销售告诉你再不瘦身就没有未来。

所以我很恐慌，不知道应该怎样做才能赶上时尚的步伐，变成众人眼中的美女。"

这真是社交媒体所谓的"标语党"设下的局，它们几乎是一样的模式，都是需要消费金钱去获得美丽和魅力。

当然，每个人都害怕衰老，希望青春永驻，害怕落伍。所以，"标语党"才有了新的机会。每一次产品上线，都会有新的标语出现，随后就有一批追随者。

就像有一次，我在地铁上，一个年轻的女孩跑过来，请求我和朋友扫码："麻烦你关注我吧，我们卖这个营养粉。我们保证您喝一个月可以瘦九斤，三个月可以瘦到你想达到的斤数。"

然后，另一个女孩也赶紧跑来，对我们做广告："你也可以关注我们的微信公众号，我们是做空中瑜伽的，一个月可以让你瘦三斤，我们这种瘦会很稳定……"

朋友显然心动："听起来很不错呢！"

一旦商品和数字联系起来，就有一种功利心，他们大声地喊保证，可真正的保证却不是如此。任何事都可以急功近利，唯独变得越来越美、越来越好这件事，不能相提并论。美对我而言，是一种主观的感受，物质装扮的只是外表，唯有精神的美，才能让整个人散发别样的光芒。

我的一个表妹淡淡是资深的信用卡卡奴，每次发了工资，第一件事就是偿还信用卡,然后再花完这些钱,周而复始。

每当她光鲜亮丽地出现在亲人面前时,我的姨妈反而会刻意提醒:"这个月又要没钱了吧,你每次花那么多钱在衣着打扮上,有什么意义。"

其他亲戚也会接下去说:"你应该把这些钱好好存起来,将来还能买房,哪怕去社交请人吃饭,说不定还能找个好的男友。"

"你别觉得买一件衣服几百,没有多少钱,其实买的多了,那衣服堆在那里,你根本不穿,太浪费了,你得去健身。更重要的是,你的身材好了,穿什么都会好看。"

淡淡却觉得自己那么年轻,这几年不好好打扮,穿漂亮衣服,等过了年轻的时光,再也无法穿这些漂亮的裙装。

她对我说:"有一天,我去买内衣,看到墙壁上贴着一个女人的照片,二十、三十、四十,女人的背一直驼下去,屁股和胸也一直下垂,好担心自己在老去之前,并没有享受到青春啊!"

衰老,才是淡淡最怕的,所以,趁着年轻,她想去多想体验。可淡淡不知道,人到了四十岁,或三十岁之后,外貌才开始显现内心的模样。

若最好的年纪,长相全凭运气,那么,随着时间的增长,长相就是我们的心,我们的善,我们的思考,我们的尖酸、刻薄、欣喜、痛苦,全部都写在了这心上。所有好的、坏的经历,也都刻在了这心上。

每次提到美人,以及老去的美人,我的脑海中立刻浮现的是奥黛丽·赫本。

之前我曾做过她的自传集，迫于战争的原因，有很长一段时间，她没有食物可吃，这是她异常瘦弱的根本。她热爱小动物，曾收养过一头小鹿，取名为依比，她美得从容，美得惊人。多年后，她的衣着、姿态，依然有人模仿，却无法超越。因为她的美在于圣洁的精神与灵魂，在于她对弱小孩子和动物的怜悯之心。

与年轻时的赫本相比，我更喜欢年老后的她，她依然瘦弱，满脸皱纹，但她的眼神中满是慈爱和豁达，为拉丁美洲和非洲的孩子们呼吁和呐喊。所以，当她病危时，诺贝尔和平奖得主特蕾莎修女曾命令所有的修女为她祈祷，祷告的声音传遍世界。所以，即使在她离世后，纽约总部依然雕刻青铜像来纪念她，并称之为"奥黛丽精神"。

看很多广告商都会特意强调，使用他们的产品，几年后的皮肤依然健康，年轻时不使用限量版的产品，此生遗憾。我却觉得每个人都会老去，接受身体衰老的过程是一种本能，每一天的生活都是一种修养，呼吸之间，言辞之间，都可以提升一个人的气质。

衡量一个人老去的标准，不是年龄，而是内心是否依然对这个世界充满好奇和热爱。

即使我们听从物质化的口号，穿上美丽的衣裳，倾尽所有拥有那支限量版的口红，也不见得能成为好看的美人。因为物质性的东西比精神性更容易实现，但大多数人都很懒惰，很容易成为口号炮制者的提线木偶。

当我们去赞美一个美人的时候，多半这种美会带给我们精神的愉悦，是一种感性的美，是一个人的外貌、气质、智慧、修养等一系列综合因素所凝聚的美。走在人群中，我们总会被那些美人吸引，她们衣着整洁，表情真实而可爱。

我无时无刻不在感慨，美真是一种修行。

回想小时候，那时真的很庆幸，我不是其中最漂亮的那一个。有些过早漂亮的女孩因吸引了过多男孩的注意，早早地恋爱，早早地退学。我也并非读书时那种第一眼美女，因被捧得太高，毕业后一直不能接受自己是个普通人的现实。

所以，过早的美和早熟一样，有时也是一种酷刑。

在年轻的身体、没有阅历的皮囊上，挂着一串串流行的单品，这种美不会长久。

我所理解的迟到的美，其实是一种魅力，是游离在社会上的，是值得推敲的，是要付出代价的，是很辛苦的。需要内心去顿悟很多道理，要忍受许多孤独，要看很多书，要走很多路，不停地进修，自省，要一次次坚持自己善良的品质，不断完善自己性格的缺陷。

我所理解的美人，一定有大美的情怀，她身上那些闪光的美的品质，是庸俗的衣服和化妆品无法去支撑的。毕竟，琐碎的生活会让一个人碎碎念，欲望会蒙蔽我们的双眼，这些其实是负担，是我们前进路上的障碍。

曾看过一位作者写的一篇文章，她拒绝了五十次去购买漂亮的衣服和化妆品的欲望，才买了一套房。现实的生活是，我们需要拒绝上千上万次诱惑，才能修得安稳，修得内心的安宁。

真正的美人，需要底气。

底气是什么，是让你无能为力的感觉越来越少。要不断去积累自己的能力，对一些细小的事情认真一些，再认真一些。不管身处怎样的困境，你的身体里都住着一个好奇的小孩子，他对未来充满信心，也满是期待。

未来的岁月里，一定要修成一个美人，无须在意年轻的皮肤随岁月滑过，把更多的精力放在自我修行上。活在当下，做好眼前的小事，就是一种美。

钱和安全感，相亲又相爱

几年以前刚刚来北京的时候，我觉得北京很大，大到或许我还未走完北京，就要被迫离开了。我每天坐在那个小小的隔间里，隔壁住着一个表演系的女孩曼曼，她很漂亮，每天用劣质的化妆品化妆，把年轻的脸化成了中年模样。

有一次，她皮肤过敏，脸上起了很多疙瘩，她又疼又痒，却只得控制着自己不去抓。

我心疼她："曼曼，你还年轻，本来的模样就很美。"

她突然泪崩："不化妆我就觉得自己很丑，我很自卑的。"

其实，这就是一个女孩没有安全感的表现。我们都懂得年轻就是最美的时光，可那时我们却又那么自卑，似乎什么都没有，又什么都想要，却不知年轻就是最大的资本。

曼曼更是悲观，她以为如果不好好的装扮自己，自己就是人群中最不起眼的那一个。究其原因，曼曼自幼单亲家庭，生活对她来说，就是艰难二字。读书时，虽然生得漂亮，却依然自卑。当她从一个小镇走向繁华的北京，她才悲哀地意识到自己根本买不起同学穿的漂亮衣服，用的漂亮包包。

女为悦己者容，没有安全感的时候，我们会发现，自己很容易想要去取悦他人。这种盲目的不自信，源自我们还无法满足自己的需求，只能讨好他人来生活。当有一天，我们努力地打拼，开始能满足自己，可以随心生活时，才会不再担心周围人的目光，而更多的关注自我内心的成长。

之后，曼曼毕业了，也陆续接了一些戏和广告，她在事业上开始取得了一些成绩，并慢慢自信起来。从她满心悲观到满脸笑容，从她经常抱怨到衷心赞美时，我知道，此时，她的青春正在散发光芒。

这是一个女孩开始经济独立，不再取悦他人的状态，也是一个女人最好的生活状态。

一个女孩主动和男友分手了，原因是她男友说，等她变得更好更美的时候，他才会决定娶她，与她在一起。她很想结婚，毕竟已经恋爱多年，放弃太可惜，身边的人都劝她别那么仓促做决定，她却笑着说，快刀斩乱麻吧！

这么多年，她像个疯子一样拼命地赚钱，爱他，也护着他的家人。

她从未想过名利双收，也从未想过拥有半壁江山，她只希望拼尽所有，当自己累了时，他会愉快地答应为她举办一场隆重的婚礼。到头来，却发现自己投资的爱情，远远不敌闺蜜的存款更为踏实。

直到有一天，女孩的父母病了，她却拿不出钱来，内心涌起的不是悲哀，不是无助，而是深不见底的孤独感。那是你付出所有，以为握在手里的安全感，却无法左右他人的决定。

那一刻，她告诉我，我们来到这个世界上，可以选择很多生活方式。我们以为安静地嫁给一个人，吃最普通的食物，穿最朴素的衣服，就是一生一世的安全感。可这一切都有可能因为一个劫难而被打破，一切还要重新再来。

我们不知道意外和明天哪一个会先到来，所以，我们只能拼尽所有来赚钱，为自己赢得安全感。我们知道，假如存款没有那么多，安全感也会相应地弱很多，在面对突如其来的困难时，我们很可能会束手无策。

我们拼命地赚钱，只是为了让自己拥有更多的自由和选择，也为了让自己更有价值。即使失恋，或落魄，我们依然可以去昂贵的餐厅吃饭，不用计较菜单上的价格；遇见喜欢的裙子可以立刻穿上，不用等到穿不上的时候才有钱买；想去看外面的世界就去看了，不用等到迈不开步伐时再后悔。

金星采访杨幂时问，如果你想给爸妈买一套房子，你会与刘恺威商量吗？

"不会的,因为我买得起。"

我去做美容时,一个员工的老家正受水灾,水果卖不出去。美容院的美女董事长知道详情后说,"一切交给我,我不会让员工委屈,也有能力让你们的家人不委屈。"

美女董事长收购了这个员工家所有的水果,并以此作为礼物送给了前来的顾客。

其实,这就是一个女人真正的安全感。我想买任何东西,只需要自己决定,因为我支付得起自己的欲望。我不需要和任何人商量,也无需经过他人的点头同意,我只想过自己想要的生活,并取悦自己。

但前提是,你得有这个支付能力,一种心甘情愿地付出后,依然不让自己身陷困境的能力。

好多女人都觉得活着没必要那么拼命,得过且过,任由岁月把自己变成一个黄脸婆,这真是自我埋葬的行为。大多女人不是被生活摧毁,而是自己首先忘记了初心。

毕竟灰姑娘在找到王子之前,也要先努力找到水晶鞋和公主裙吧!如果她是个懒惰的姑娘,没有任何苦难的磨炼,相信王子也不会爱上她。

现实让我们看到并看清生活的真相,以及它赤裸裸的残忍,但我们依然要热爱生活,用最努力的状态赚足够多的钱,但赚钱的速度请大于你老去的速度,才能获得踏实而安心。

钱和安全感,相亲又相爱,要想获得安全感,请先拥有赚钱的能力。当然,一旦你具备这种优秀的能力,便才能愉悦而放松地投入生活中,所有的焦虑都会远去，好运也会不请自来。

为什么？

因为在拥有赚很多钱的能力之前，你应该吃了很多苦，走了很多弯路，就像那灰姑娘一样，生活总会垂青每一个认真而努力的女孩。

当然，钱对任何人来说，都是好东西，也是不够用的。假如有一个人愿为你花钱，也请你好好尊重他，好好爱他，至少在他心里，你比钱更重要。这是一个缺乏安全感的时代，在这一刻，他愿意让你感到温暖，与安全。

在你自己的时区里，一切都准时

1.

《那些年，我们一起追的女孩》里面的沈佳宜曾淡淡地说过一句话："原来人生有很多事情都是徒劳无功的。"

这句话，令我记忆深刻。

年轻的时候，我们喜欢过的人，做过的奇怪的事情，其实很多都是徒劳无功的。就像你失眠了一个晚上，也不见得能写出来一篇文章；你为了你的爱人做了很多傻事，也不见得会赢得她的心；就像你走了千山万水的路，却没有看到你想看到的人；你付出了所有，最后有可能只能归为一腔热情。

其实每个人都有自己的时区，不要羡慕任何人，也无需贪恋过多的欲望。只要你肯踏实努力，时光会把你想要的都给你。

2.

那天，我坐火车前往另一个城市，答应某位杂志社的编辑老师，下了火车交给她一篇拖延很久的杂志稿。

她说："这次你可不要再拖延了。"

"放心吧，保证让你满意。"

我在火车上奋笔疾书，自以为写了一个很棒的故事，没想到去了一趟洗手间回来，发现电脑没电自动关闭了。我懊恼地坐在电脑面前，有些沮丧，不知下了火车如何给编辑老师交代。

但我还是如实地告诉了她，我的确写了那个故事，但电脑没电了，故事丢了。

本以为她会觉得这是我想拖延稿子的一种方式，她却回应我："我们做的很多事情都是徒劳无功的，你回到家可以把这个故事再写一遍，给我就好了。据说，丢掉的故事再重新去写，会比之前好很多呢！"

我试了下，果然如她所言。交稿的那一刻，我内心轻松极了，其实看似徒劳无功的事情，都为最后的完美铺下了伏笔。

想想也是如此，在我的本子里，在我的手机里，在我的电脑里，存在了许多未完成的故事、段落、句子，但我感谢它们，正是它们，在我焦头烂额的时候，给了我一触即发的灵感。正是它们，收集了我平日时光里最容易忽视的灵感。

那些没有完成的故事，还待在我触手可及的地方，一想到这里，我的心就变得安静下来。只是还没有走到那个时间点，待我思绪成熟，我一定会一一写完。

3.

去无锡出差的时候，偶遇了大学同学施适。读书的时候，施适就是一个热衷于赚钱的姑娘，她很少上课，经常逃课，摆地摊，做生意。

大学毕业后，她就嫁人了，嫁给了当地的一个商人。她跟着先生一起做生意，后来又一个人去做配饰设计师，生意越做越大，生活也越来越好。

她看到我时，一脸惊讶："难道你还在写作、画画？"

我点点头，不知为何，在她面前，我居然有些自卑。

她说："我很敬佩你，但我一定要劝告你，我之前的梦想也是成为一个作家，可是后来我发现，与其写这些没人看的故事，不如去做生意，去赚钱。你一定要清醒。"

回北京的路上，我一直在思考自己，我是一个彻头彻尾的理想主义者，多年来，我一直在坚持写作，坚持自我，从未为任何人改变过。我活得很辛苦，不仅仅是现实的层面。我一直告诉自己要坚持梦想，坚守初心。

施适说我这些年，一点都没有变，是啊，从容颜上看，的确如此，但我的内心，我的性格，我的生活方式早已改变太多。我会在每天清晨醒来阅读，每天晚上写作。我坚信一个人的命运是可以改变的，那些看似无用功的付出，其实是一种积累。

就在去年，我听说施适投资的生意失败了，她过得很不好，经常会来找我，期待我能给予她内心安抚。我每天都会安慰她，告诉她，失败是人生的体验，无须太在意。也有可能是之前跑得太快了，上天特意安排让你慢下来，思考自己的所得所失。

施适突然对我说："真的很羡慕你，每天和文字打交道，虽然理想化，但状态很好。我之前的判断是错误的。你看看我，现在太失败了。"

原来多年前我羡慕的人，此时也会羡慕我。可在我看来，人生啊，尤其是年轻的时候，并不存在失败这个概念，因为年轻，你可以试错，因为年轻，你可以从头再来。

因为人生本来有很多事情都需要随遇而安，就像最近特别流行的一段话："有人22岁就毕业了，但等了五年才找到稳定的工作。有人25岁就当上了CEO，却在50岁去世。也有人50岁才当上CEO，然后活到90岁。有人单身，同时也有人已婚。奥巴马55岁退休，川普70岁开始当总统……"

4.

每个人都有自己发展的时区，有的人匆匆地走到了你的前面，也有人慢慢地跟在你的后面。我们都有自己的步伐，不用羡慕，也不用着急，每个人都生活在自己的时区里。只要我们还年轻，或许我们已不再年轻，都没有关系，放松地生活，等待正确的时机去行动，坚持内心所爱。

去做那些别人不屑一顾的小事吧，或许它暂时不能为你带来任何利益，去尝试着一遍遍地犯错，然后总结错误，修正自己。不要犹豫，不要徘徊，你有自己的时区，不用东张西望，不用看别人的步伐。在人生的码头，在你自己的时区里，一切都是刚刚好，一切都是准时。

不要担心自己一败涂地，一些事情怎么都做不好，也不要怀疑是不是自己做错了什么，命运为何如此坎坷。在成长的路上，你我都会做一些荒唐的事情，一些无用功，但真的没什么好担心的。

出身平凡，也要活得自然

森与刚来北京时，最好的朋友是她的同事饶曼，她们无话不说。

饶曼很信任她，晚上也会经常给她打电话聊天，讲自己的爱情，还有自己家里的一些事情。据说，当女人之间开始交换秘密时，就是友谊开始时。

森与对饶曼很好。有一个同事对她说，只是表面看着好而已，你们不可能成为朋友的，因为你们的生活有着天壤之别。你只是一个北漂，需要辛苦打拼，她是典型的富二代，只想好好享受生活。你努力很多年，都过不了她想要的生活，你们的起点不同。

森与不这么认为，或许是刚刚毕业，她对这个世界的认知还是简单的。不管别人怎么说，她还是坚持听饶曼深夜打来的求救电话，为她排忧解难。

后来，饶曼家里只剩下她自己时，就会邀请森与来她家里住。她们无话不说，相见恨晚。

直到有一天，饶曼带着森与去自己常去的私人会馆喝酒。一个女孩穿着漂亮的晚礼服，拿着高脚杯的姿态，慵懒又优雅，大概都是从新西兰留学回来的学生吧，饶曼和那个女孩交流得很开心。这一切，却让森与觉得很陌生，她羡慕眼前的女孩，但她明白，这不是她真实的生活。买单的时候，她看饶曼签字时那么随意、自然，但那次消费对她来说，却是天文数字。

更可悲的是，饶曼开车送她回家时，她居然会找不到安全带，饶曼惊诧地问："喂，你不会这么笨吧，连安全带都不知道在哪？"

不过是简单的相处，却是这些琐碎的小事，拉开了彼此的距离。不知不觉，她们真的分开了。森与苦恼地对我说："做一个普通人家的女孩，我努力学习，努力工作，到头来却发现，我还是输给了那些很轻易就获得了这一切的人。"

这让我想起琼瑶的一部小说《秋歌》，富家子弟爱上了一个穷人家的女孩，男孩带着女孩去吃饭，遇见了自己的姐姐和姐夫。他们跟她简单地交流了几句，言辞之间也没有怠慢之处，女孩却受伤了，原来她看到姐夫一直在手里漫不经心地把玩一把高级跑车的钥匙。那样的姿态，的确只有在有钱人家的孩子身上才会流露出来。女孩跑到男孩身边，对他说，我们分手吧，不合适。男孩觉得她莫名其妙，大发雷霆……

出身这个词，好像会在人身上潜移默化的形成一种价值观，一种判断，一种安全范围，使得自己会抵触另外一个世界带来的刺激和伤害。心理学有个话题，叫原生家庭的成长会影响人的一生。

许多年之前，我还是个刚刚毕业的女孩，看到这样的故事，听到森与对我讲她的遭遇。那时的自己敏感多疑，殊不知是自身造成的，从未想过富家子弟如此怠慢又悠然的姿态，多半是因为他们在成长的路上，心思反而简单，无需练就很深的心机，真是自然的流露，那种优越感就打败了我们。如今，我早已淡然。

萨特说，存在决定意识。钱财肯定是身外之物，但它却能改变我们的人生，它对我们的影响早已深入骨髓，刻在我们的骨头上。我们无法摆脱。所以，每次回想小时候，听到最多的，记在心里最多的话语，不过是你要好好读书，改变命运。如今，我也到了为人父母的年龄，听到身边的人对孩子的期待，不过是我希望你能从读书中找到你想要的快乐。

这就是差别吧，不可逾越的鸿沟。任凭你怎么挣扎，若你的物质世界是匮乏的，精神世界自然也会荒芜，不可改变。

后来读到《围城》，处处也散发着书香门第的子弟所流露的优越感，我也逐渐明白，当饶曼在森与面前潇洒地签酒水单时，那种自信又洒脱的样子的确会伤到森与。因为她是一个很努力的女孩，她拼命读书，换来的不过是一点点抬高，希望别人尊重自己，获得认同感。读书对她来说，像是命运的阶梯，她一步一步爬上来，却看到，别人无需攀爬，只是坐在阶梯的上面玩耍，漫不经心看她一眼，又随心所欲地玩了起来……

一个大学的女孩在微信公众号上给我留言："我怎么努力，都无法像身边的人活得那么轻松，她们穿着漂亮的衣服，甚至开着漂亮的跑车。我却只能待在教室里上自习课，努力学习，拿奖学金，我丢了这些朋友，也无法和她们成为朋友。突然觉得即使毕业了，我如何努力，也无法超越她们了。"

女孩留言很长，我却觉得，在成长的路上，你要么逼着自己变得很强大，要么说服自己心安。不要刻意地和谁成为朋友，任何一段感情一旦强求，就会很累。更何况，朋友这个词还是太泛滥了，大多都是泛泛之交，不值一提。

在很多时候，你得认识到眼前的生活，是努力学习顺利毕业对你来说更重要，还是和她们玩得很开心，坐上她们的跑车更重要。显然是前者。前者可以改变你，后者有可能会毁灭你。因为你们快乐的基础不同，她真的是坐在跑车上笑的女孩，你却可能会因此哭。但在读书面前，人人却是平等的。她再快乐，再富有，也要面对学业的压力。

我们这一生其实是一条长河，生活真实的面貌会让很多人哭，但它有也有很多有趣的，值得品味的一面。普通人家出身的女孩，当你努力去提升自我，当你顺利毕业，当你拥有一份随时可以更换的工作时，其实就是赢了。无需处处讨好，小心翼翼，与人攀比。

输赢的话题，判断不一，人生漫长，时区也不同。我们只能在自己的时区专注地做自己喜欢的事情，但行好事，莫问前程。此时，若觉得一段感情让你疲惫，不妨安慰自己，真的没有能力来支付它，并不是不想珍惜。

长大以后，我逐渐明白，很多种情谊是需要支付的。当你无法支付的时候，就是这段情谊毁灭之时。不必觉得遗憾，人和人的交集或许都是瞬间的，然后还会变成平行线，好像彼此生活在不同的空间，从未来过彼此的世界。

总有一天，当你拥有你想要的一切，或者更多时，有那么一瞬间，你会格外相信命运的公平，也会格外感恩爱自己所拥有的一切。那时，当你再回头看过去卑微的自己，除了想抱抱她，你更想敲醒她："傻姑娘，收拾好行李，坚持梦想，不要羡慕不可嫉妒别人的优越，更不可浪费时间，与拧巴的自己周旋。"

因为，你真正是谁并不重要，重要的是你的所作所为。

我们不是迷茫，其实就是怂

一个学生给我留言，说他发现在成长的路上，成功这条路是有它的 VIP 客户的，那就是比他更富有的人。他羡慕那些男孩，他们的爸爸特别有能力，也很 nice。

他甚至对我说，前些年，有个北大的学生去演讲，一个学生问："请问作为一名家境平凡的北大毕业生，应该怎么在社会中定位自己？"

学者铿锵有力地回答："你们就是社会底层劳动人民里，知识水平比较高的那些。"

然后，这句话让北大清华的学生纷纷转发，以此自嘲。

他问我怎么看这件事。

我只能回答，这句话真的挺沉重的，北大毕业生是知识水平比较高的底层劳动人民,这个评价挺好的,毕竟还有个很好的前缀,知识水平比较高,这比被人骂没文化要强太多。当然,很多时候,我们太在意别人的看法,忽略了自己的定位。

人人都在命运的长河里挣扎,可是,命运里究竟有什么是自己可以掌控的呢?

几乎所有的事情都是未知的,比如你用力地从一个小公司跻身到了大集团,却发现自己进入的公司不过是一个即将解体的企业,前面的荣华富贵已被人享用完毕,你是来收底的。

比如一个以攒钱为乐的人,拼命地攒钱,拼命地攒钱,三五年后却发现,当时还不如咬咬牙四处借钱去买房,手里存的钱和三五年的钱是不等值的。

比如现在最流行的一个段子,说清华北大毕业的天之骄子,因买不起北京的房,被迫离开,相信几年前他们都以为知识是可以改变命运的。

我们都在想尽办法,试图抓住确定的东西,却发现,并没有什么东西是非常确定的。这个世界上,并没有什么真正的命运的高级玩家,所有成功的人都曾经埋头苦干,不问前程。一步步走来,得失之,都在心中,有些苦,不能倾诉,只能默默消化。

那我们为什么还要继续努力去学习,去读书,花重金去读研读博士呢?

有一个恶俗的笑话可以解释,一个小男孩问爸爸,我为什么要读书。

爸爸回答，必须要读书，不然的话，你喝一口茶，只能说这茶好好喝。读书之后，你会告诉别人，品这茶，舌尖微甜，芝兰之气，一股茶香慢慢从鼻端沁到咽喉，四肢百骸是说不出的轻松快慰。你看，是不是文雅了许多。

对，我们读书就是可以用一些美好的字眼来形容我们看到的所有美好的事物。

当然，我们学习和读书，并不只是如这个父亲所言，去学一些形容词。更重要的是，我们学到了一种生活态度，一种生活方式。每当媒体宣称一些名校毕业生买不起房而离开北京时，看到这些字眼，一些人会狂欢，但让他们离开一座城市的真实原因，或许不是因为房价，而是因为这里没有他们想要的生活方式。

还有我身边的一个例子，可以回答我们为什么要读书这个问题。

我姐姐家的女儿，读完医学系的本科，又去北大读医学系的硕博连读。她立志做科学家，每天在实验室做实验十多个小时，立志为人类寻找到癌症的克星。有时想想，一个二十多岁的年轻人就这么蹲在实验室，一天又一天，一年又一年，似乎有些可怕。

每次我问她是否觉得生活苦闷等等之类的问题，她都回答，没觉得苦闷，在实验室会有一种安全感，若这个实验成功，这是对人类的一种贡献。每天的实验需要她去查阅大量的资料，看很多书，悟出很多道理，她觉得很满足。

这就是知识带给我们的安全感与自豪感。

其实这个世界上并没有什么东西真的属于你，钱，房子，事业，莫不如此。可我们所看过的书，走过的路，真正所学到的知识却是属于我们的，它就存在我们心中，任何人也偷不走，比爱一个人都靠谱。

现实生活中，若有人问我，为何要努力，为何要读书。

思考再三，我会觉得自己是一个非常胆小的人，我害怕一不小心就落后，也害怕很快就被人替代，所以，我每天都拼命地工作，努力地去提升自己赚钱的能力。

因为我知道，这个世界上最困难而无奈的事情是，我们心有余而力不足。

尤其是那次，我的妈妈生病，需要交钱来选择手术方式的时候，我才明白，安全感并不是别人给的，而是自己创造的。当安全感欠费时，一般是你所拥有的东西太少，学习可以不断地积攒能力，也可以让内心踏实一点。

如今的我，越来越相信知识就是力量，也早已明白，坐在原地等着别人来救赎，其实是不妥当的等待。我们常常说，人只能自救，自救的方式是什么？其实就是趁着年轻，就是要找到自己最想做的事情，并努力去实践，这才是救命的绳索。

我努力的意义不过是让未来多一些选择，当我一无所有时，我知道除了自身拥有的学识、思想，我别无其他。我很害怕自己会落后，会无所获，更害怕时光会把我悄然无息地留在后面，让我空手而归。

我讨厌那些问我以下问题的人：

我想去学某一样知识，但害怕学了以后，无所用；

我想去欣赏某一处风景，却没有时间去；

我想尝试新的城市，新的生活，却不敢放弃眼前所拥有的；

我羡慕某一个人，他身上似乎拥有我想要的一切；

…………

没有什么比迈开自己的双腿更为简单、也更为艰难的事情，前行的路上，你不敢开始，就没有尝试，就没有崭新的生活。我一直坚信，我们脑海里的知识储备、思考能力，才是真正的救命绳索，让我们的人生攀登到一个个不胜寒的高处。

真的，大多数人其实不是迷茫，只是不敢开始，这就是怂。

2017 年，我终于买了人生中的第一套房

2017 年，我终于买了人生中的第一套房，靠我自己写作赚的钱。

我站在没有装修的房间里，对我的妈妈说："就在今天，我好像真的赢了一次。"

然后，我哭了，突然觉得之前所有的熬夜、出差、加班，都是值得的，这房子让我有了安全感，虽然每个月都需要还贷，但这也是我的目标和动力。

在这之前，很多人告诉我，女孩子没有必要努力，嫁个好人家，房子、车子，一切都会有。可残忍的现实告诉我，即使嫁了有钱人，也未必见得会拥有房子、车子。或者即使拥有了，使用起来也不见得会如意。

买房的一个月内，我有些兴奋，总是睡不安稳，做很多奇怪的梦。虽

然有压力,但梦中都是快乐的感觉。多年来,我一直是安全感欠费的状态,有些自卑,对很多事情都有种无力感。我每天都告诉自己,把今天过好。可在买房之后,我顿时觉得自己有了着落,或者是有了家的归属感,我不再漂着了。

在这之前,我一直是反对年轻人买房子的,尤其是听完一期《奇葩说》的节目,一些人说买房是必需品,另外一些人反驳。年轻的时候,应该用钱来投资自己,让自己拥有一技之长,去学习,去旅行,去实现梦想,房子是次要的,毕竟房子给不了我们安全感。

我自然是赞成后者的,那时,买房距离我太遥远了,一想到拿很多首付去买房,再还月供,顿时会觉得人生毫无光亮,以后的几十年都要还房贷,真是一个loser。最重要的是,钱都花在了房子上,如何提升自己,毕竟学习也是要花费的。

随着年岁的增长,身边的人陆续买了房,我还是毫无压力,因为我没有买房,依然是个潇洒的月光族。赚了钱,我虽然会去提升自己,但想下,那些提升的方式多少有些花拳绣脚的感觉,根本无法让自己安稳下来。很多钱,很多时间,很多精力,无声无息地溜走了。我没有买房,少了许多压力,但也少了一些积累。

几年下来,我突然发现一个事实,那就是几年前买房的人,他们所拥有的资金积累比我要多得多,一些人陆续离开了北京,因为老家的房贷已经还得差不多了,他们想回家结婚生子,过平淡的生活。还有一些人卖了北京的房子，打算去丽江等山清水秀的小城市生活。且不说房子的价钱翻了几番，我们只说这种生活方式，原来并不是每个人都可以去选择的。

时间才是最公平的尺子，不管你待在哪里，做了怎样的选择，过着怎样的生活，它一直在前进，从不会慢下脚步，试着去理解任何人。

但那些早早买房的年轻人，为了还房贷，自然是多了许多压力。我一直觉得肯还房贷的年轻人，其实真的很努力。

比如我的那个朋友清河，为了早点还清贷款，他每天工作之后，还会在晚上做一些兼职，他兴奋地告诉我："工资用来还房贷，兼职用来生活，虽然所剩无几，但至少有了一个家。"

是啊，房子就是家。

虽然很多人会强调，生活完全可以租房子来住，房子是租来的，生活可以不是。我逐渐认为，如果没有自己的房子，很难有心情去装扮一间租来的房子，因为租房有很多的不确定性，有可能很快就搬家了，会换一个城市生活，最近工作得不开心，想换一份工作……

当然，自从买了房子，我做任何事情都踏实了许多，我想集中精力去处理更多的事情，提高效率做完手里的工作，然后再多写一些故事。我比之前勤劳了许多，每当松懈时，内心都会自责。

更令人惊喜的是，我再也不像之前那样大手大脚的花钱了，遇见喜欢的衣服，都会默默地问自己几遍："这件衣服，我真的确实需要它吗？"

后来我才发现，我不是真的需要那件衣服，我需要的是一种自我的肯定。

我不再像以前那样唉声叹息，我甚至觉得要为这个房子负责，每当沮丧的时候，我就会幻想如何装扮那间房子，等我还清房贷，就把它装修成我自己喜欢的样子。阳光洒满窗台，鲜花盛开，整个房间里飘荡着花香。

如果让我回到几年前，或许我会更早地去买一所房子，哪怕是身负巨大的压力，我也要有一所自己的房子。我知道一些女孩天生好命，她们大学毕业的时候，爱她们的男人就已经准备好了属于她们的房子。可我并不是那么幸运的女孩，所以，我只能依靠自己。

走到今天，我不再抱怨，不再计较，自己是不是那个幸运的女孩，因为我凭借自己的力量，买了一所属于自己的房子。

它不是小公寓，不是租来的没有阳光的旧房子，它不属于我的爸爸，也不属于某个男人送给我的礼物。这个房子完完全全地属于我自己。我可以把我的书，我的书架，鲜花，梦想，故事，都装进去。

在以后，它应该是一所寂静如初的房子，一个我可以随时归来的空间，里面有一间书房，散落着我未写完的故事。

更重要的是，这所房子，是我写作赚来的，也将陪着我继续写许多的故事。

等待一个人就像是荡秋千，你永远停不下来

转眼之间，2017年过了大半年，我身边的很多人都有了改变，有人结婚了，有人怀孕了，有人生了小孩。有一个朋友七月要离开北京去日本留学，一个朋友决定在美国留下来做助教，一个朋友真的离开了北京，拖家带口地回到了山东老家。还有一个朋友当了全职作家，打算写三本有关记忆修复的小说。

大家好像都有了新的期待，新的归宿，新的人生，新的不同。我喜欢这种感觉，有选择，然后去改变自己适应你的选择。而不是一直被生活推着往前行走，或不知所措。有能力主动选择你想要的生活，这本身是好的开始。

他们纷纷问我，往下要做什么，有什么规划和安排？我应该还会继

续留在这个城市，工作，写作，生活。我并不是不想改变，我只是还没有等到那个可以让我改变的契机，以及可以让我改变的人。

随着成长，我现在最不敢说的便是接下来的计划，因为我懂得，变化远远大于计划。爱的人会突然不爱，然后离开，身边的朋友会突然不在，再也不见。之前，我会感慨人性的自私，此时，我更愿意相信，一定是我们有了更好的路要去走，所以才会在三岔路口分别，别送我，别说伤感的话，别信誓旦旦说未来的某一天我们还会再相见。

所以，我现在说每一句话，都喜欢在前面加两个字，可能。虽然我知道，人生任何可能性都值得我们去改变，去尝试，去冒险，可有时，我却是人流中那个懦弱的人。我在等待一个机会，等待一个人，等待改变的可能，在我等的如此煎熬时，我突然获得了前所未有的安静。

我最近在看的一本书是毛尖的《我们不懂电影》，里面有一个情节让我很感动。一条狗一直在等死去的主人，但它的主人不会再回来，它一直等啊等，直到它死去。多年后人们把它做成雕像，放在火车站。每当有人找不到信赖感的时候，都会来看看它，仿佛看到有人在真诚地等着自己。

一个朋友告诉我，她打算与背叛她两次的男朋友分手了，一个月后，她就匆匆嫁人。他伤心至极，告诉我，他还在等她。或许他永远不懂，只有当你被别人伤害的时候，你才能理解你伤害别人时候，她是什么感觉。而当你伤害她的当时，你竟然一无所知。或许这才是生活真正残忍的地方吧。你永远不知道生命中下一个出现的人会给你带来怎样的改变，你却必须双目远送那个即将离开你的人。

有一些等待毫无意义，有一些等待就是自求其辱。但总有一些等待会感动我们。

之前看蒋勋先生的书《无关岁月》，他曾写下这样一个故事。他的朋友在淡水住了很多年，后来去了美国唱歌，又跑到西班牙画画，他以清水和面包度日，活得任性又潇洒。他写信告诉朋友，总有一天，他要死在淡水河，他觉得淡水河一直在等他回去。

他真的回来了，在淡水河唱了一年的歌，而后为了救助一个美国的年轻人，真的死在了淡水河。多么执着的等待，可惜了一个年轻人。

淡水河依然固执而缓慢地流过台北，好像古老的神话里，弃杖而死的夸父，他轰然倒下，用他的泪水，在大地上汇成了一条河流。好像不曾有谁来过。所以，很多时候，等待的故事都是人为，大自然从不会在意究竟是谁为自己谱写了这些故事。

我不知道你曾等过谁，又被谁等待过。但我期待你一生努力，一生被爱。想要的都可以拥有，得不到的都释怀。

没有什么可以阻挡你的脚步，也没有什么能束缚你的心。你一伸手，身边就有朋友，你孤独的时候，总有人能让你开心地大笑起来。

你容易满足,也在一个人的爱中像个小孩。你什么都没有,唯独不缺乏勇敢。你一直往前走,不为任何人停留,直到你走到一个地方,确定了那就是你想要的生活,你才肯停下来。

我不知道你在哪个城市,哪个角落,但我希望你一切都好。期待你和我一起向前,步履不停。

卢正雨的喜剧会让我们内心有一种温暖的感觉

在夏季说温暖，可能有点奇怪，但仔细想想每到夏天，你反而会觉得有点冷。你能想象到的公共设施几乎都有空调设备，你总在吃各种冷饮、冷食，到了夏季，上司的脾气总是暴躁，或冷言冷语，或置之不理，总让我们有一种寒风四起，比冬日还要冷的感觉。

看完卢正雨的《绝世高手》，电影里的爷爷说，真正的高手做出来的美食，就是让你内心有一种温暖的感觉。我恰恰觉得这句话用在任何行当都是合适的，比如美食、服装、艺术、电影，真正好的作品就是让人看过用后，内心荡漾着温暖。当然，看完这部喜剧电影，我除了大笑，内心居然也有温暖的感觉。

我温暖的感觉源自于，卢正雨所拍摄的这部《绝世高手》让我回到了少女时代，我记忆中的街，街头的老人总在卖一种特别美味的面，多年后，我再也吃不到。成长的过程中，我以为认为自己就是卢正雨所扮演的那个角色，冷漠，没有感受力，直到后来，我才懂，总有人会教你认识到什么是爱，以及如何去爱。

其实假期档的电影，我最期待的就是喜剧。因为喜剧是悲剧的另一种表达，能拍好喜剧的人，一定品透人间百味，才见功底。好多真相都隐藏在喜剧中，因为我们的生活就是最好的喜剧。只有一步步攀登，从小人物成长起来的导演，才可能将喜剧拍到极致：比如周星驰，比如卢正雨。

他们所塑造的世界不再非黑即白，不再缠绵悱恻，摆脱了恶俗的桥段，有自己的创新，自己所坚持的东西，所以赢得了众多人的追捧。但不管外界如何评介，我一直认为卢正雨是一个可以带给人"大情怀小幸福"的导演。可以将大情怀拍得很大的导演很多，但我觉得能把小幸福拍出来的导演很少，卢正雨算一个。

什么是小幸福？

张小姐每到过节时，喜欢给身边所有的人送自己亲手制作的点心，一直坚持，乐此不疲。楼下大妈这些年会在每天固定的时间站在路口，为迷路的陌生人指路。我们冷漠惯了，突然被关怀，内心很温暖。这种幸福就是治愈抑郁、厌世、疲劳等一切疾病的良药。

这种小幸福，我认为是一种集体道德感，是对人的一种尊重，一种爱，是无言的关怀，是世间稀缺的奉献精神。

为什么他能捕捉到这些小幸福的元素和镜头,并能应用到自己的电影中。我个人认为这个与他的成长有关,他带着对电影的一腔热情,一路向北,一直奉献,埋头苦干,不问前程。

在主持人李艾问到入行十年才开拍电影处女作是否有点晚时,他一脸真诚,默默回答:作为一个电影导演,十年的学习和锻炼刚刚好,所以是不晚的。

我一直是卢正雨的粉丝,我认为,他过往所走的每一步都是有力量的——

比如,他并非电影专业,只凭一腔热情,自学成才。

比如,他的第一部网剧《嘻哈四重奏》播放量早已过亿,之后更是自导自演了《嘻哈三部曲》《绝世高手之大侠卢小鱼》等多部短片。

比如,他是《西游降魔篇》的联合编剧,《美人鱼》的执行导演兼联合编剧。

比如,据说这部电影从开始到制作完成,大概用了三年时间,其中两年用来反复打磨剧本,因此吸引了一大票优秀而有实力的演员:郭采洁、范伟、陈冲、蔡国庆、孔连顺、黄龄、杨迪、柯达、仓田保昭。

果然,这些演员在电影中的表现甚佳,尤其是郭采洁扮演的那个大力士没人疼的女孩,简直就是我这般茁壮的少女成长的姿态。我少女时代,就是这般缺爱,没人理睬,没人敢追。即使遇见了自己喜欢的男孩,也会用暴力赶走他,因为我猜不透男人,一直认为男人是这个世界上最神秘的动物，也认为自己永远无法懂什么是温柔。多年后，我终于知道如何扮演温柔，如何读懂男人，可惜我最怀念的就是那个真诚、莽撞的少女时代——她一脸虎气，一身正义，为所爱的人可以牺牲一条命。

以上种种基础，再加上卢正雨的这份真诚和执着，足以吸引到人们对这部剧的追崇。

假如说周星驰所拍的喜剧，他会在大银幕上表达"痛苦过，方知众生痛苦；有过执着，放下执着；有过牵挂，了无牵挂"这种体会，是一种大情怀的感触，大爱无言的体会。那卢正雨可能更多体现了小情怀的一些感受，比如怀旧的情结。

电影中，繁华的建筑中间隐藏着一条老街，那条老街正是我们童年的记忆，那时生存不易，街上的每个人似乎都身怀绝技，都得抱团，才能抵御生活的艰难。那时的美食美味，那时的玩具、着装，那时的风景、路边摊，那时的情谊、真诚，都在这条街上一一展现。

年轻人，八零后，九零后，集体都在怀旧，其实并不是老了，而是城市的建设很快，繁华的街道越建越多，老街越拆越多，属于我们的记忆越来越少。很久之后，或许下一代人记忆中的街道除了繁华，便是冷漠的人群吧。所以看到卢正雨拍摄了一条老街上的故事，我内心还是蛮温暖的。

我从毕业后就一直在这个城市漂泊，我一直有一个自我设定的概念，那就是一个人挺好的，我肯定是身怀绝技而不自知的，等有一日，我肯定会成为一个大人物，声名鹊起。我就带着这个傻傻的执念活着，等我赚了钱，我已经想好了，我要回到生我养我的那条街，把所有的一切都交给我的亲人。我再继续去流浪。

可是，十年后，而立之年，我终于明白，身怀绝技的都是我身边那些真正爱我的人。每当我发生了什么事情，他们一定会飞奔而来。这个世界本没有江湖，都是我们自己设计了江湖。

看完卢正雨导演的《绝世高手》之后，我更认为那些真正爱我们的人，才是真正的绝世感受。可能每个人都有天赋，天赋又被设置了密码，真正能打开这些密码的人，除了你自己，还有你感知到的爱。怎样的人，怎样的事，怎样的桥段，怎样的人群，怎样的风景，才能让你感知到那种爱，肯定是内心温暖的感觉。

看《绝世高手》笑过之后，继续笑，别停下来。就在这部电影中，感受你的触动，内心的温暖，还有流动的爱。这才是喜剧的精髓，也是一个看懂悲剧，一直努力向上的年轻导演带给我们的生命体验。

只在年少时拥有年轻,是件可惜的事

最令我吃惊的事情,莫过于年轻人说自己老了,但这似乎也是每个年轻人都喜欢感慨的事情。一个插画师对我说:"我再也不能熬夜了,真的老了。"

"可以不熬夜了,但你还是很年轻的。"

"没有,我都二十三岁了,我都觉得自己老了。"

"那你都老了,我是不是可以入土了?"

"我只知道自己是老了,你是怎么理解年轻的呢?"

"我觉得年轻就是有着鲜活的欲望,并拥有愿意为之努力和付出的决心。还有,人不会老去,年龄不是衡量老的标准,除非他自甘堕落。"

和这个二十三的年轻人对话,他一直强调自己的衰老和无力,我真是抓狂啊！一个二十三岁的男孩，他的人生才刚刚开始，甚至还没有开始，怎么可以如此沮丧。

他对我说："你不懂我，我都患上了轻度的抑郁症了，我想念去世三年的父亲，经常梦见他。我很自卑，觉得家境太差了，除此，我的薪水也很低，找不到可以突破的点。以前的工作只是熬夜，现在的工作就是通宵。你说，我的人生还有救吗？对了，你二十三岁的时候，在做什么呢？"

我的二十三岁啊，让我想想啊，若眼前的插画师不提醒，我真的误以为，我像他这么年轻时，就已经意识到二十三岁的时光宝贵。

二十多岁的时候，也恰好是我人生最迷茫的阶段，每天都觉得很孤独。

记得刚来北京的时候，我二十二岁，辛苦地寻找第一份工作，走了一家企业又走了一家企业，却没有被面试上。一天晚上，我给一个大学同学打电话哭诉："我觉得自己面试不上工作，多半是因为自己长得不漂亮，我老了。"

恰好我那位大学同学失恋，她也矫情地回应："对，从毕业的时候，我就觉得自己老了。"

那时，我穿着破旧的衣裳，总也找不到合适的工作，失恋了，从不会想自己的问题，总觉得全世界的人都背叛了我。下一场雨，我都会伤感许久，最喜欢看悲伤的电影，心里酝酿悲伤的情绪。这种状态其实就是老啊，不然就是病态。

那时，我踱步在北京电影学院里，看着擦肩而过的男男女女，内心满是羡慕,却不肯迈出步伐改变自己,一遍遍给大学同学打电话求安慰,却不知道如何拥有更好的自己,或变成更好的自己。我真的很害怕那时的状态。

那时,我曾幻想嫁给一个有钱人,让他帮助我走过人生最困难的时候,因为当时我还在还大学的学费贷款,每个月都要拿出来一千多还给银行,生活真的很困顿,却不敢向父母开口求助。看着身边漂亮的女孩子,"小镇姑娘"是我不敢开口的忧伤。

想到这里,听到这个二十多岁的男孩对我抱怨,说自己老了,我大概能理解他了。

但除了这些令人面红耳赤的行为,我也有正面的行动。比如,二十三岁的每天晚上,我都会画插画,模仿书上的插画,画了一张又一张。去面试的时候,我就拿着这些插画,给面试官看。我清楚地记得有一个做化妆品销售的女主管说:"你得醒醒,认识到世界的残忍,你这些东西是没有人会看的。"

我还记得有一个出版社的编辑说:"你写作功底有点差,画画的功底也差,这不是我想要的。"

仔细想来,我那时的忧伤、悲观也不亚于眼前这个二十三岁的插画师吧!

但同时,我又是那么幸运,因为我真的只活在了自己幻想的世界中,内心始终带着美好的念头去想一些事,去做一件事。我依然坚持画啊,写啊，坚持了两三年。虽然很绝望，但我每天都带着一些幻想，跑到操场上，对着空气练习，假如我的书出版了，我应该演讲什么样的内容……直到一个编辑找到了我，直到我出版了第一本书。

第一本书刚刚上市的时候，我激动得好几个晚上都睡不着。仔细想来，坚持还是有意义的，只是那个意义没有兑现的时候，我们特别容易着急。一个否定，一个讽刺，有可能都会葬送一个梦想，或初心。

然后，我特意拿出来最初的那些画，写的那些故事来看，不禁羞愧到面红耳赤。二十多岁，刚刚开始的阶段，画得那些画，的确很差，我自己都看不上那时的习作。再看我现在的文字和绘画作品，我觉得冷静和成熟了许多，现在笔下的这些文字读起来更为舒服，没有之前一直涌动的情绪化，也没有那么焦躁不安。

那个插画师又问我："年轻的时候，我们应该做什么呢？"

其实完全可以拥有很多很多的期待，以及欲望。对了，除此之外，你还要动手去做，成为真正的行动派。商业广告上的那些标语都是真的，电影里逆袭的故事也都是可以发生的，这个世界从不说谎，尤其对肯流汗拼搏的年轻人来说，一切都可以逆转，也可以改变。

最重要的是，你得找到属于自己的生活，以及生活方式。去做你擅长的事情，你喜欢的事情，你愿意为之付出所有的事情。就像爱一个人一样，拼命去爱你喜欢的一切。

我所理解的二十三岁，真的就是人生最青葱、最阳光的时刻，最有资格试错，也最能说抱歉的岁月。我所理解的年轻，就是我们有欲望，并愿意为之付出。真的，人生有很多机会，也有很多路，这却不是最难的，最难的是，无论你做出哪一种选择，都要承担相应的现实。

二十三岁，多么年轻的时光，只是听这个数字，我就觉得它好像在闪闪发光。我真的羡慕他，也羡慕这个数字，甚至羡慕那时的迷茫。因为迷茫是好事，说明你思考了，剩下的时光，只需要拿着木棍，把头顶的乌云敲碎。

你不可能一下子就赶走所有的乌云，有可能你会一边流泪一边懊悔，一边敲打一边痛苦，这个过程，我们称之为，成长。所以，别放弃。

每个人都有或迷茫，或痛苦，或不堪，或挣扎的二十三岁，因为我们走在这世上，或慌张，或不安，或纠结，或不知所措，都是在二十多岁的时候，必须要走过那个阶段，人生才有可能转弯。

终有一天，我们会明白，在一去不复返的日子中，呼吸的每一秒都是年轻的，价值连城，那时的灿烂，无可取代，好好珍惜眼前，就是活在当下的时光。

愿我永远活在二十三岁，不害怕。

找到你成长路上的一束光

成长的路上，我想要一束光——这句话是我一直以来的演讲主题。

做了四年的演讲师，去了很多地方，走过很多学校，做了很多次演讲，于是这个主题，也随着我一直演讲、奔波到现在。

其实这是那本《芒果街上的小屋》里的一句话，故事的女主角，九岁的埃斯佩朗莎就出生在那条贫穷的芒果街上，她最终的理想就是离开那里，寻找到一束光，待她找到它的时候，她不仅要让这束光照亮自己的人生，也要让它点燃这条街上每一个像她一样的孩子的梦想……那是一个女孩成长为女人的故事，柔软而忧郁。

我读到这本书的时候，恰好是高中，学习压力特别大，每天学习到凌晨。即使夜晚，房间的灯也从未被关掉过，我却不亦乐乎，一边画画，一边复习文化课。即使那么努力，我依然不知道路在何方，依然很悲观。或者是性格的缘故，或许是人在未知面前，多少都有些不自信，毕竟未来没有保证书，它不会承诺我们努力到哪里，才会有好的归处。

我作为艺术生，美术科目是要提前考试的，只有过了美术科目，我们才有资格考文化科目。高三那年的新年，我没有回家，一个人睡在济南租来的房子里。

过年后，我背着画板，和另一个女孩李瑟瑟一起前往北京、青岛、潍坊等地参加美术科目的考试。

在青岛的一次考试中，快要上考场了，我却悲哀地发现，自己的身份证、准考证等都丢了。我紧张得要命，打扫卫生的阿姨对我说："姑娘，你赶快去外面的垃圾桶看看。"

我立刻跑到外面，才沮丧地发现那个学校居然有五个很大的垃圾桶。我是没有办法顺利地进行考试了，只能蹲在垃圾桶的旁边，一个个地检查。我一边流泪，一边告诉自己要有耐心，要冷静，肯定不会丢，肯定会找到。

幸运的是，在我检查第三个垃圾桶的时候，我真的找到了自己的准考证。我拿着它，内心顿时有了一丝释然，所有的委屈、焦急、失落，对自我的怨恨，在这一刻都结束了。

我仔细地收好这些证件，既然错过了考试，我只好跑到市中心的一个书店，傍晚的时候，我接到了李瑟瑟的电话，她开心地告诉我，觉得自己考得还不错。

我淡淡地告诉她，自己并没有参加考试。

她一直沉浸在快乐之中，却没有听清楚我的话。听到她兴奋的声音，失落感再次袭来，我走到书店的导购员身边，问她："有没有那种插画和故事相结合的书。"

那个温柔的导购员给我递来了一本书，就是《芒果街上的小屋》。

我看了看书中的插画，拿出了画画的本子，模仿其中的画，画了起来。画过之后，又开始读一个个小而安静的故事，直到书店关门，我才放下它。

后来的日子，我一直奔跑在三个城市，参加美术考试。每次跑到一个城市的书店，我都会寻找这本书，看到的时候会很兴奋，就像好运来了一样，看不到这本书的时候，会有些失落，就像没有遇见那个期待许久的老朋友。

我告诉自己，一定要等到考上大学再去购买，再去拥有这本书。在这之前，每次读到它，我都会摘抄其中的段落，先抄写前面的中文，再抄写后面的英文。记忆最深刻的是，我经常一个人跑到学校的操场上，背诵其中的段落，我甚至幻想有一天，我能够遇见这本书的作者桑德拉·希斯内罗丝，然后和她聊天。

或许真的是书非借而不能读吧，这本小小的橘黄色的书，那些柔软而动人的句子都滑落在我的心上，我从未如此痴迷过。我想后来高考的英文分数那么高，包括后来顺利地过了大学英语四级的考试，都和那时疯狂背诵这本书的中文和英文有着莫大的关联吧。

还记得当年西南交通大学的美术考试就是默写、速写和写作，我立刻想到了埃斯佩朗莎以及我模仿她画的那些插画，我默默地画下来它们。

真没有想到，我居然真的考进了那所大学。到了大学后，我立刻跑到书店买了那本书，每天都带着它，背诵其中的段落。不过是一本很简单的书，我却如获至宝，把它当成我沉默的青春中最懂自己的朋友。

我真的很怀念那时的自己，每天都蹲在画室里画画，特别珍惜每一寸时光，心思也很单纯，我的梦想就是成为一个作者或插画师，像埃斯佩朗莎一样，走出那条贫穷的芒果街，走出我的小镇，成为一个作家，见很多的人，写很多的故事。不一定要被很多人理解，但自己一定要勇敢，要认可自己。

青春时期，我像她一样自卑却又怀揣希望，努力却孤独到没有朋友，也曾盼望有一个人的出现，可以改变我的状态或命运，可路过或走过那么多人，我依然还是一个人。

"当我太悲伤太瘦弱无法坚持再坚持的时候，当我如此渺小却要对抗如此多现实的时候，我就会看着树……"

她笔下的言语如此简单、纯粹，但在当时，我一个人坐在画室里的时候，它们就是无尽的力量，指引着我。很长一段时间，我也喜欢画树。我还特意跑到公园，拍了很多树的照片，画了很多树，还参加了学校的展览。

后来，我一个人从成都来北京电影学院考文学系的研究生，一个人慢慢地还完了大学所有的学费贷款，一个人默默地在这个繁华的城市扎根成长，所有的遭遇，委屈，看似不能接受的结果，我都承受下来了，并一直努力地走到了现在。

再回首看前面的路，九年前的我，自卑而懦弱，如今的自己，强大而有力量。或许只有走过那些弯路的人才会明白，所有的经过，都是命运的恩遇。

我也一直觉得自己就是芒果街上的埃斯佩朗莎，她就是我，我们经历了共同的成长，从不曾离开。一直到现在，她还住在我的灵魂里。

之前，身边的人讨论最多的话题就是买房结婚，我就像局外人一样听他们说这些，内心没有任何触动。在北京工作那么多年，我搬了很多次家，丢了很多不重要的物品，以及怎么也丢不掉的回忆。每次搬家，我都会想起埃斯佩朗莎的期待："有一天，我要拥有自己的房子，可我不会忘记我是谁我从哪里来。路过的流浪者会问，我可以进来吗？我会把他们领上阁楼，请他们住下来，因为我知道没有房子的滋味。"

此时，三十而立之年，我终于出版了自己的书，有了属于自己的房子，也实现了去参加《芒果街上的小屋》的作者与读者的见面会。一切都是刚刚好的样子，而为了此时的刚刚好，只有我自己才懂得，我走过了多少弯曲而不平的青春时光。

我的房子还没有装修，看着它裸露而原始的一面，我明白，所有的安全感欠费都是因为自己的不够强大。当你没有能力去做选择的时候，就意味着你的人生，它不属于你。因为你还不能支配它。

而我一次次地走向外面的世界，带着我的书，我的文字，我的梦想，有很多时候，我实在累得走不动，实在无法前行，我就一个人站在学校的外面，想象九岁的埃斯佩朗莎在书中最后所写的一句话：

"他们不知道，我离开是为了回来。为了那些我留在身后的人。为了那些无法出去的人。"

我知道，演讲师是我的职位，我就是要去推广阅读和写作，每走进一个学校，我都像是回到了自己的青春时代。看到那些年轻的脸庞，就像看到我的曾经。

此时的我，的确找到了人生的那束光，我一次次地来到校园中演讲、签售、分享，就像一次次回到我的过去，回到我的青春时光。

从前的我，一直抱怨，青春时期的自己没有朋友，没有休息时间，所有的岁月几乎都是一个人匆匆走过的，我的生活总是那么寒酸，穿着破旧的衣裳，奔跑在校园的跑道上，任青春住在孤独的时光。

可后来我不再抱怨，因为我终于明白，青春时期，我们最好的伙伴，有时就是一本书，或者一句话的力量。

成长的路上，我想要的不过是一束光，感谢当时这光芒能照亮我的人生，我的路，让我一次次回来，点燃我的回忆，我的过去，以及我的现在。

最好的青春，就是多年后你我还若从前

今年五月下半个月一直在出差，从郑州到泉州，又从泉州前往上海。我刻意跑去见了很多以前的朋友，因为现在与朋友们交往的方式只能是在彼此的朋友圈里看大家展示美好的人生，但我总觉得有一面，是我们看不到的。

我趁着出差的日子去见了她们，发现真实的生活都有些狗血。但幸好这些年，我们都长大了，也拥有了足够的能力去应付多变而复杂的人性，以及炎凉的人生百态。

发小在打一场关于房子的官司，对方显然欺骗了她和家人，那真的是个骗局。但她依然耐心地给对方机会，说要体谅成人世界的生活艰难，

直到无力挽回时,才不得已用法律的手段来解决这件事。

我看她写给法官的信,上面陈述了自己如何与房产中介斗智斗勇,如何狼狈不堪地搬家,如何与对方周旋,却又屡次被对方欺骗、伤害,家人因这次事故也累到满心憔悴,她也经常因此事失眠……我甚是心疼,却又觉得大多数时候,我们都是无能为力的,犹如水上浮萍。

我劝她心安,让她回家陪家人。

她却说,还是想好好和我聊聊天,放松一下,生活给了自己一片乌云,但我们不能再让它继续下雨。

虽然经历了一连串糟糕的事情,她还是过了国家二级心理咨询师的考试,我真的很佩服她,虽已是两个孩子的母亲,还在认真地学习,虽经历了那么多事情,还能每天安静地看书,每个周末去学习心理咨询。她对我说,人不能只看现在,要多想想未来要成为怎样的人,做什么样的事。她心态还是那么乐观,年轻,遇见问题不逃避,勇敢地去解决,敢于面对真实的人生,说出自己的观点,表达自己的欲望,绝不含糊。这种勇敢,其实就是一种成全。

我们来到少林寺,她问我有什么心愿要许。我想了许多,却又觉得这些心愿都难以实现,只好说,世界和平吧!

而她的心愿,就是家人身体健康,就好。

听完她的心愿,我突然觉得她真的长大了,不再是那个任性的小女孩。经历了那么多事情,我们都已明白,万物虽好,不及内心安宁,不及身边的人相安无事。远方太远,过去的早已凌乱,只有珍惜眼前,一切才会明亮。

我还见了一个大学同学，她从毕业后，就一个人远在上海打拼。她曾病倒在床上，无人照应。那时，男朋友离开了她，她害怕父母担心，没有告诉他们，反而一个人默默地撑了下来。她暗暗地对自己说，等病好了，要珍惜时间，去做更多有意义的事情，去帮助更多的人，去对家人更好。不能为失去的爱情痛苦，那样心会更难过，不能为生病的身体而忧伤，那样身体会负重。

为了赚更多的钱，她辞掉了原来稳定的公务员的工作，去做了一名配饰销售员。看似很鲁莽的行为，反而成全了她。她利用自己的艺术特长，去帮顾客量身定做家具、配饰，不分昼夜地努力工作。如她所愿，她赚了很多钱，她对我说，这一切都是经过，她的终极目标是做一名策展师。

她用钱为父母买了房，还资助了两个贫困山区的孩子读书，还给自己老家的学校捐书，忙得不亦乐乎。虽然这些年我一直在做公益的演讲师，去过很多学校，见过很多人，但我真心地佩服她，以微小的力量帮助了那么多人。

她说，在自己躺在病床，特别无助和难过的那一刻，她突然明白了许多，人生最重要的不是得到什么，而是在最终的时候，有多少人因她的存在和付出，而多了一些希望和选择。

一路走来，她的身体旧病复发过，她的行为被误会过，甚至有人觉得她居心叵测，她不闻不顾，她比任何人都懂，有一些路，只能一个人走过。

她一个人在上海买了房，有了心爱的男人，也有了自己想做的事情，从表面上看，一切都很完美。夜深人静时，内心的不安才会跑出来与她作伴，她知道这是初来上海时大病一场所遗留的绝望感，她只能选择不在意，继续向前。真正的坚强，并不是直面悲伤，而是带着你的悲观，你的绝望，走在人流中，继续勇往直前。

毕业多年，我真的很佩服那些在陌生的城市默默打拼的人，有可能是一个人，有可能是一对情侣，也有可能是热闹的一家人。为了在一个城市生根，他们走过许多弯路，感受过许多未曾想象的坚苦，迎接过命运的考验，也赢得过掌声。这一切很快就过去了，我们并不在意，表面风轻云淡，像路过了一片风景，一场风雨那么简单。

回来的路上，我坐上了十三号地铁，看到一个困得厉害的年轻女孩躺在地铁座席上睡着了，一直睡到西直门站，才被工作人员叫醒。她揉着双眼，看上去真的很困，很困。

若在从前，我一定会认为这个女孩不雅，如今，我对她只有满满的理解。人生是很长的路漫漫，我知道每个人都停不下来脚步，或许只能逞强，假装自己很勇敢。

最好的青春真的就是如此，多年后，我们经历那么多风雨，考验，但我们的内心还若从前那般简单，敏感，善良，乐观。我们依然有一颗少女心，但行为上终于真的像成年人一样去生活了，爱别人更爱自己，有尊严也有担当，很温柔也很坚强。

我们停不下来，一旦停止工作，会有不安全感。我们很累，比任何人都懂得努力这两个字的内涵。我们活得很辛苦，却能感同身受别人的不容易。

幸运的是，生活从没有打垮我们，它只是陪着我们长大了，并一路向前。

母亲曾出现在她十三岁那个夏天

那年夏天,我在福建出差,记得那时在福州万达广场的一家咖啡店,我看到邻座有两个长得很像的女人在聊天,一个得有六十多岁,一个四十岁的模样。她们衣着考究,聊得很开心,一会说,一会笑,六十岁的女人有时还会流泪。

她们好像很久没有见面,偶尔的沉默,也是别有用心。

从六点一直到十点,四个小时,四十岁的女人终于要走了,六十岁的女人依依不舍,她让年轻的女人先走。她只是坐着,面带微笑,目送她离开。

那年轻的女人离开时一边接电话,一边用长头发掩盖住了半张脸。她很快就走了。

咖啡屋的一角非常安静,好像那里一直坐着的只有这位满头银发的老人。她却哭了，从她坐着的位置，可以看到窗外的风景，也可以看到那年轻女人一步步离开。

老妇人继续坐了很久，直到咖啡店关门。有一个老人推着轮椅来接她，我才发现她已不能步行，只能这么坐着。她拉着老人的手，费力地坐到了轮椅上，长长地叹息。借着黄昏的灯光，我发现她长得真的很美，岁月虽然催人老，却也给予了一些女人独特的魅力，比如智慧，比如温柔，比如坚韧。

我听到她用英文和那个老人对话："她还是不愿跟我走。"

"那她一定不知道你现在的身体状况。"

"其实都怪我年轻时，离开了她。命不由我，任她。我再也不可能见到她了。"

"我们回去生活也会很好的。"

"有遗憾，我心好痛。"

她们走了，只剩下我，还有她们桌子上完整的两杯乌龙茶。

整个咖啡店打烊了，一个甜甜的福州女孩嗲嗲地说："对不起哟，今天我们店的服务就只做到这里了呢，欢迎您明天再来啊！"

"刚刚那对应该是母女吧？"

"我不清楚，但我知道这一个星期，她们每天来这里，从下午聊到晚上……"

女孩说什么，我已经听不清楚了。我很想知道，明天她们还会见面吗？那年轻的女人会跟着年迈的女人离开吗？这一切，却没有答案，就像这个清新的城市一样,我们只能听到这里的故事,关于出走和归来,关于爱和留守,关于过去和现在。

这是一座建造得非常美的城市,在山水之间,人们喜欢建造一些独栋的别墅。可惜,大多房屋都是空荡荡的。据说,到了过年的时候,那些人才会从其他国家匆匆赶来,聚在一起。假期结束后,又要各自分离。他们要回到遥远的地方,陌生的国度,去日本,去美国,去东南亚,开餐馆,开超市,做各种别人做不了的活计,以来营生。

他们都说,聪明的福州人,早已把生意做到了全世界。如今说来,都是自豪,当年闯出去时,却满是辛酸。他们一路走过去,走到北方,走到哈尔滨,走到俄罗斯,一路走去,有些人散落在不同的城市,有一些人偷渡到了日本,用身体跳到那海里,游过去,并顽强地留了下来。生活给了他们不同的选择,他们却给了自己不一样的安排。

那老人应该也是当年顺着人群走向北方,走向异国的一个年轻女人吧!

她带着梦想前行,却割舍不下家里的女儿。她一再回头,直到再也看不见她小小的、等待的身影。自此,女儿被关在了一栋小房子里,带着少女应有的敏感,缩在床头一个角落,或奔跑在小镇那条路上,那条路的尽头,就是母亲消失的地方。她想念她的时候,就站在尽头,那里似乎有温度,因为她们曾在那里拥抱过,并吻别。

当她一天天长大,她认识了不同的人,爱过一个人,恨过一个人,却从未像今天这般,对母亲又爱又恨。因为母亲曾出现在她十三岁那个夏天，自此，再也没有出现过。她记得母亲很爱美，喜欢穿紫色的上衣，喜欢三角梅，也喜欢把那花插在她的头上，她却讨厌极了那颜色。

她发誓要长成和母亲不一样的人，她从未离开过这座城市，偶尔有出差，她也极力避免。所以，四十岁了，她还没有去过其他任何地方。她就在这座城市里，这个城市丢了她，不会有察觉，若她丢了城市，却是整个世界。可她并不在乎，她只想安稳地活着，在这个美丽的滨海小城，从早晨看到日落，坐在下雨的街头听音乐，奔跑在海边等待一个爱自己的人。

直到有一天，她也长大了，结婚了，生了女儿，她的母亲来找她，说要带她去一个陌生的国度。不，带着她的全家。

母亲一次次邀请，她一次次拒绝。母亲和她想的不一样啊，她分明喜欢穿紫色的衣服，是一个艳丽而粗俗的女人，但眼前的女人明明是温和的，虽一头白发却有力量的。

她不知道母亲已经不能行走，也不知道母亲在另外一个国度究竟经历了什么，她知道不停地说自己的生活，她想把看到的一切，生活的重心，她的成长与改变，都一一告诉母亲。说不完的话，像溪流，不，像瀑布一样，一倾而下。那些明明是琐碎的，却被她记得如此牢固，那些明明是不值一提的，母亲却听得津津有味。

她们分明是爱彼此的，只顾得交流，连甜点也没有吃下，甚至顾不得去喝一口茶。

直到分别的时候，她都不知道母亲无法行走。直到离别的时候，她都不知道母亲仅有她一个女儿,她是多么渴望带她离开啊!

她不是不愿意走,而是她有了自己的生活,她曾发誓,再也不离开这个城市。

第二天的时候,她在黄昏时,准时来到了这座咖啡厅。她点了两杯蜜桃味的乌龙茶。

母亲却没有出现。

灯光为整座城市披上了一层温柔的外套,她耐心地等着母亲,就像小时候那样,她想,这次,如果母亲出现,她就跟着她离开。

遗憾的是,母亲直到咖啡店打烊,都没有来。是的,她又像年轻时那般离开了。

她没有说再见。

在爱中，我永远不要成为那个酷酷的人

一个读者深夜里给我留言，说她此时就在南方的小城，冬天的夜雨，她不想回家，因为妈妈在哭泣。

我回应，那赶紧去陪她。

她却说，不行，我不能再一次纵容她，这就是我的底线。

我说，可她是你最亲的人，我在最爱的人面前是没有底线的。

她不再给我留言，我以为她取关了我。许久，她又发来长长的一段话，大致的意思是，自小她跟着妈妈长大，妈妈很优秀，生意做得也很好，有很多朋友，她也很讲义气，为人很好。遗憾的是，这个完美的女人属于所有人，却不属于她。她陪伴妈妈的时刻，是孤独、是小心翼翼、是无话可说、是看着母亲狼狈地哭泣。她开始讨厌妈妈，嫌弃她，抱怨她，

毕竟她只需要一个和蔼可亲的妈妈，不需要一个女强人。当然，妈妈很爱她，只是不懂如何爱她。

听完她的抱怨，我也很心疼，同时也在检讨自己的行为。

从大学毕业来到北京，在旁人看似光鲜的生活背后，我经历了许多痛苦、选择和背叛，每次遇见事情，我总会第一个想起自己的母亲，拨打她的电话。她无数次为我失眠，被我的电话惊醒，安慰我的悲伤，擦干我的眼泪……她实在太辛苦了，却从未想过要抱怨我。想到这里，我真的无言以对。

事实上，我一直觉得白天的自己和晚上的我，是不同的。人前的我，和母亲怀抱中的我，也是不一样的。不管前一个晚上我对母亲倾诉了怎样的忧伤，我多么落魄、难过，第二天早晨，我依然会面带笑容，去工作，去演讲，去写作，去面对我的同事。我真的把最好的自己留给了他人，把最糟糕的自己放在了母亲的怀里。

可我有些事情只能给她说，我有些苦只有她才能体谅。我把自己的心包裹起来，躲在一个角落里，她却是我的光明，一个能够给我温暖，给我勇气的人。有很多事情，只要有她在，我就觉得自己一定能够走过去。

熟悉的城市，陌生的人群，谁又不是伪装者呢？或许，我们只有在爱的人面前才能彻底放下防备，可肆无忌惮，可任性伤害，唯一的筹码不过是，我仗着我爱你，也相信你爱我，而且你无法把我从你的生命中抹去，对，我们彼此就是这么重要。这或许是一种情感的捆绑，但也说明，捆绑者是缺乏安全感的，她需要的不止是倾诉，更是积极的回应。

我们把友好、和善的一面留给了陌生人，却把最糟糕、狼狈的一面留给了最亲近的人。我们虽然可恶，却也可怜。生而为人，孤独为生，戴着面具去营生，面具戴久了，会忘记哪一个才是真实的自己，但能让你卸下伪装的，也唯有最亲近的人。

更可悲的是，我们总是看不见那个爱我们的人，却对讨厌我们的人很走心。

除此，我每次给闺蜜郭静打电话时，也都是状态非常不好，或者是我需要帮助的时候。上帝厚爱我，她待我很好，一次次帮我，助我，毫无怨言。

我心存内疚，常问郭静，我何德何能，值得你一次次出手。

郭静说，你最难的时候想到我，这是我距离你最近的时刻，作为朋友，我期待这份信任，也试想，在我最需要你帮助的时候，你会站在我身边。

真是幸运，向来是她帮我，比我帮她多许多。记得2008年汶川地震，是她打通我的电话，给我打钱，让我买机票离开成都；每一次我给她留言，她都会问我是不是需要金钱上的帮助，还是遇到了怎样的事情；还有无数次我出差路过她的城市，她都会专程拿出时间来陪我，去吃郑州最美味的食物。

我和她认识了二十多年，时间考验了这段友谊，也考验了两个成长的女人。

由于选择不同，方向不同，我们过上了不一样的生活，几乎没有交集的地方。但只要我一个电话,只要我有需求,她总能义无反顾地站出来。哪怕我做错了一件事,所有人都指责我,她也会站在我这一面,为我着想。

在这个利益交换的世界,怎样的朋友才算是真正的朋友,真正爱你的人?

我想,真正的朋友,真正爱你的人,就是当你无比狼狈时,打通她的电话,向她求助时,她会立刻为你找到最好的解决方式,来处理眼前的问题。

可我,真的对不起,只能把自己最不好的一面留给你们,也许在外人面前,我是光鲜的、温和的,但在你的面前,我摊开自己的全部,我的好,我的坏,我的不值一提,这就是真实的我。

对不起,我最亲爱的人,我只能在你们面前流露悲伤、脆弱,以及不堪一击的一面。我在外面的世界装作自己很强大,其实内心脆弱不堪。

我期待走得更远,成为更好的人,每天与自我斗争或妥协,不断克服我的胆小、脆弱、孤独,不断地靠近美好、善意、光明。

我期待有一天走到你身边时,我是明媚的,我更期待有一天,你也会把最狼狈的一面交给我。那才是我们彼此最信任的时刻。

所以,给亲人一些耐心,也给自己一些耐心,去接纳,去感受他们的脆弱,去理解,去沟通他们的伤痛。温和地提出你的看法,你的期待,不管任何时候,都不要放弃亲人和最友好的朋友,因为他们不仅是你的家人，也是你心灵的归属。

　　总有一天，你会懂得，来来往往的人很多，走到最后所剩无几。所剩无几的，恰是最珍贵的。在爱中，我永远不要成为那个酷酷的人，因为爱的温暖取之不尽。

拿更好的自己去爱你

1.

考研的时候，经常坐在我对面的是一对情侣，女孩在读北京电影学院文学系的研究生，男孩在考北京电影学院导演系的研究生。

男孩学习很努力，女孩经常陪着男朋友一起上自习。由于经常坐在一起学习，慢慢地，我们也算点头之交的"朋友"了。

看得出来，女孩很珍惜男朋友，男孩也很爱身边的女孩，他们每天都待在一起，虽然女朋友比自己高了一个年级，但他并不自卑："为了和她在一起，我太应该有一点长进了。"

他们本科是在上海交通大学所读，两个人都喜欢看电影，男孩的梦想是做个电影导演。大学毕业后，俩人一起考研，女孩顺利地考上了，男孩却未能如愿。

"毕竟导演系要难考一些，对不对？"女孩安慰他。

其实男孩的英语很差，为了把英语学好，他似乎走火入魔了，每天早晨狂背英文，走路练听力，熬夜背单词，还报了一个英文补习班，每天都要去上两个小时的课。

每次模考，女孩会亲自为他打分，她就像个严格的老师，帮他分析，男孩一边点头一边笑。虽然他们所考的专业不是表演学，两个人长得也很普通，但每次看到他们这样，我都觉得美好得像是电影画面。

遗憾的是，那一年，男孩并没有如愿，复试的成绩很差，知道成绩后，他坐在自习室突然流泪了。

我就坐在他们的对面，听到男孩说："为了爱你，我想成为更好的自己。"

女孩安慰他："没关系，我们一起慢慢变好就足够了，你看，我们不是越来越好了吗？"

原来，我能想到最浪漫的事情，并不只是我们一起慢慢变老，而是一起变得更好。

2.

三儿是朋友中最放飞自我的一个男孩，他从未想过安稳下来，工作也是总辞职，他喜欢旅行，勾搭小姑娘，摇滚，刺绣，今年一直在倒卖泰国佛牌，护身符，忙得不亦乐乎，赚钱不少，基本无存款。

我每次过年都会买三儿的护身符，问他："三儿，今年的新年愿望是什么？"

　　"继续流浪啊，我能有啥作为。"

　　我们一致认为，他真像孙悟空，这世间任谁也收服不了他。

　　三儿常常骂身边那些怕女朋友的男人："像你这么年轻，你得折腾啊，你得把人生想象成一片大海，你就一个人划着一条船，兄弟啊，卖力地往前划啊。别为了儿女情长，耽误了自己的美好前程，不值得！"

　　直到三儿遇见了一个姑娘，不，准确地来说是，是他爱上了一个姑娘。他动用了所有的力量，在她喜欢的城市买了房，找了工作，安安稳稳地像个中年的大爷，过着日复一日的生活，这可是他之前最鄙夷的一种生活方式，他称之为，苟且地活着。

　　真是一个奇迹啊，回想起以前漂泊的岁月，真不敢相信三儿立刻能改头换面。且把眼前这苟且过得有滋有味，关于诗和远方，且随过去而过去吧。他更在乎的是，如何赚钱养家。

　　他折腾了一年多，最终靠真诚娶上了那姑娘。结婚的时候，三儿说了一句话："我喜欢人姑娘，总得为她做点事情吧，除了努力拿更好的我去爱她。我想不出其他更好的办法。我想对她好，唯一的就是让自己变得更好。"

　　这狗粮撒得我们感慨万千，原来，爱情的力量足以改变一个人的生活方式和活着的态度，让一个人安稳下来的决心，不过是"我想为了另一个人变成更好的人，我想把最好的自己给她"。

我们坐上火车，继续一次次奔向远方，我们时常怀念三儿，怀念他像个浪子一样，说调侃的话，做靠谱的事，也怀念他每次都能从泰国拿来精美的佛牌，比市场上精美百倍。

过去的一切都回不来了，此时的生活才是最适合他的。除了挥手祝福，我们都羡慕三儿，可以遇见一个让自己安稳的人，也羡慕三儿的女朋友，有一种神奇的能量，改变了一个浪子的心。

3.

现在的我，和过去的我，慢慢不再一样，以前听到分手的故事，我总是谴责那个离开者，此时，我却有了不一样的思考。那些人，那些故事，为什么要一再离开，多半有对方的怠慢和不再前进。

随着时光的走过，一些男人会说，我基本上就这样了，你接受不接受随你。一些女人会任由自己发福，任性地生活，并渴望得到理解。他们在爱情中争吵，却不肯在生活中长大。他们永远无法妥协别人，却很容易原谅自己的过错。

我们自以为疯狂地爱着一个人，却不知这种疯狂并不是别人所想要的，我们期待着他人能够给予安稳的物质生活，和体贴的精神陪伴，可真诚的爱情，真实的成长，却不是这样的。当我们真正地爱上一个人，内心多半是不自信的，或者卑微的。期待变成更好的人，期待拥有更好的模样，期待对方能更好的接纳自己，甚至以自己为傲。

就像王小波写给李银河的情书中这么写道："因为认识了你，我太应该有一点长进了。"

李银河回答他:"我常常想,为了你我想变美一些。"

所以,作家余杰在接受一次访谈时曾说过:"溯时间之流而上下,如果我遇见王小波,我会告诉他:你写得最好的东西不是小说,而是你写给妻子的那些信。"

好的爱情,就是如此吧。我遇见你,你遇见我,我陪伴着你走下去,你跟着我经历风雨,可这些又是远远不够的。

我们还要承诺的是,不仅一起变老,更要一起变好。

最诚挚的告白不过是,我要拿更好的自己去爱你。

做一个有鲜花陪伴的女人

我喜欢鲜花和孩子，发自内心的喜欢。每次画画，若没有主题，我的手下总会画各种花，或者孩子的眼睛。油画老师说，我们潜意识里画的东西，其实是我们内心最喜欢的事物。这样来看，我真的很喜欢画花。

小时候，我的爸爸特别喜欢种花，他在我家围了三个花园，每个花园里都种了不一样的花。直到今日，我对他温暖的记忆都藏在那些花丛中。我记得那时候，我曾默默地许愿，以后希望自己可以开一个花店，兜售爸爸种的花。

我记忆里，他特别喜欢种玫瑰和菊花，每当春天来临，花香满园。我还记得他特别钟爱的一株花叫柳叶桃，长得很高大，更像是一棵树。很多人前来找他寻找种子，他自己学会了嫁接，小心翼翼地从柳叶桃上嫁接出来新的生命，送给朋友们。或许其他人没有爸爸的耐心，他们总是养不活。

有一次，我去福建出差，在泉州的一个学校看到了柳叶桃，得知那个学校的校长特别喜欢这种花，我顿时觉得很是亲切，像是见到了亲人。我给他讲自己的父亲特别喜欢养柳叶桃，他还特地要来了我家的地址，说是寄给爸爸一株。

虽那么喜欢花，但我第一次收到花，却很意外。

几年前的一天下午，我在豆瓣上看到了一个帖子，叫"陌生人，请允许我送你一些礼物吧！"下面都是跟帖者，你写下你的愿望，下一个跟帖者自然会与你联系。

我在上面写道：你可以送我19朵粉色玫瑰吗？我从未收到过鲜花。

颇为意外的是，他回答了我，并跟我索要了地址，第二天，我的桌子上就快递来了鲜花，我送给了他我写的书，没想到他又给我寄了许多零食。

那是一个很善良的天津男孩，他平时很喜欢看书，喜欢鲜花，大学毕业后开了一家酸奶店。我记得他给我所写的故事提了许多的意见，还给我推荐了一些书，我真的以为我们会成为很好的朋友，但现实中我们却没有见过面，也再无过多的交流，也再无交集。

他留给了我一束鲜花的记忆，而我最喜欢的也是粉玫瑰。

我曾被一个男人追求，他每个星期都通过快递送给我鲜花，每周一，我都能收到不一样的花和卡片，每一种花代表一种思念，整整一年，我的办公桌前都是花香。它们是无根的植物，只能活一个多星期，所以，我会把它们的花瓣画下来，想留住一段时光和记忆。

记得那个男人虽然送了我一年花，但事实上却没有爱我那么久。我们很快就分手了，可能是订了一年的花束吧，中间又无法退订，那鲜花依然如约送到我的身边。

因为每周一的那束花，我本想辞职，却没有走，因为我想一一收完，画完那些花。说来可笑，就在我收到最后的花时，我真的辞职离开了那家公司。

我不知道那一年的花对那个男人来说，意味着什么，也不知道这是不是他追求心动女孩的一种方式，我只知道，我的二十七岁，因为这些花束的存在而格外不同，好像记忆里的每一秒都浸泡着花香的味道。除此，我也画了一年不同的鲜花，认识了它们美丽的样子。

再后来，我很想结婚，但那时与我交往的男朋友还在美国攻读研究生，还差一年毕业。他期待我第二年前往美国，我曾犹豫不定。毕竟要我前往一个全新的国度去生活，需要挑战的东西有点多。

我问他："我到了可以做什么呢？"

他说："我帮你开一家花店，你就在这里卖鲜花，写作。"

听到这句话，我毫不犹豫地答应了。这一次，我想留住花朵盛开的时间。虽然我要放弃很多，放弃我的工作、生活，还有习惯。毕竟我在这个城市待了十年之久，要离开，岂能是一句话说说。不知不觉到了而立之年，我知道自己不能决定的事情很多，但我可以尝试着去接受新的人生，新的启程。

而后，因为种种原因，他还是为我选择了回国。但当时开一家花店的念头却一直还在我心里。我问他，当时为何想着要为我开一家花店。他说，你写的文字，你画的画，你讲的故事，你经常买的鲜花，都说明你是一个很爱花的女人，爱鲜花的女人必然心思纯净，懂得生活，这也是我认定你的原因。

我走过的每一步路，都盛开了鲜花，我走过的记忆中，都有鲜花的怒放。我知道，多年后，我会忘记一些人的名字，一些故事的经过，但我会记住我们和鲜花相连的时刻。

很多愿望都被我一一实现了，往下的时光，我想做的，就是开一家小小的花店。可以坐在里面喝咖啡、写作，或者什么都不做，只是呆呆地坐着。一直到老，我都是那个有鲜花陪伴的女人。

未来的某一天我要迎娶你

我坐在椅子上,听窗外的潍坊人说话,他们喜欢把最后一个字的音翘起来,显得朴实又亲切。

北京的樱花还未盛开,潍坊市政府种的两排樱花却提前开放了,夜晚,许多人来这里拍照。山东人向来内敛,无论是男人还是女人,都不会在镜头前摆动作,大家安安静静地笑着,顶多会摆出一个胜利的手势。

"哎,你可以甩下头发。"一个中年男子提醒一个女人。

"我哪会,你说得好像很容易实现。"女人虽然这么回答,但依然性感地摇着头,好像一头灵动的鹿。

美丽的早春樱花,让人们在夜色下显得如此温柔。即使有争吵,也好像撒娇,即使有要求,也好像溺爱。

风还是很大,中年男子带着她拍了一张又一张,她有些不耐烦:"我有点累了。"

"好,那就不拍了。回家。"

他拿起相机,牵起她的手,又把自己的外套帮她穿上,打算回家。

"你看樱花在风中,它居然没有落下。"女人像个好奇的小女孩。

"花期还没到呢!"

"我喜欢樱花,你呢?"

"我喜欢你喜欢的花。"

真是温馨啊,两个人并肩走着走着,中年男人一直说各种笑话,逗她开心;女人大笑的同时,不时地抬头看樱花。她每次抬头的时候,好像电影《情书》里的博子,短暂的瞬间,美到世界静止。

他们走过所有的樱花树,走过街头,转身走向家的方向。而就在那一瞬间,一辆车开过来,女人一把推开了身边的男人,在一声巨响后,随即就是一个男人的哭泣声。

我的大脑一片空白,前一秒还是两个相爱的人你侬我侬,下一秒就要分别吗?很多人走过去,很多人离开,谁会在意中年女人最后说的那句话:"你还是没有带走我。"以及那个哭泣的男人不知如何作答。

带走或者不带走,在此时已经没有了意义。

潍坊的樱花开得真美啊,即使在这夜色中,它们依然张开白色的怀抱,在灯光下舞蹈,在风中唱歌,它似乎不需要观众,也无需人欣赏。

潍坊的风真的很大，马路很宽，他喜欢那马路，从第一步踏到这个城市，他就很喜欢。那时，他还是个少年，从广州坐火车来到了潍坊，一路走到这个风筝的故乡。双脚一踏到这块大地，他就感冒了，这里的风实在太凉了。

买药的时候，他一下买了许多药，结账时，那个女孩淡淡地说："你不需要买这么多药，吃不了就浪费了，还是先买这些吧！"

说完，她拿走了一半多的药。有那么一瞬间，他似乎觉得自己要寻找的另一半就是这样的女孩，亲切、温柔、灵动、善良。毕竟他们素未相识，她无需为他多做什么。可她还是帮助了他。

他本来只是恰好路过这个城市，不应逗留那么久。可就像是脚下生了根，他发现自己这么离开，多少有些不甘心。于是，他就在药店的附近找了一份工作，每天都要路过药店，看看她。他没事就跑到药店，总怀疑自己生病了，需要买药。女孩每次都会告诉他，你没事啊，不需要买药。

他们就这样认识了，女孩的梦想就是在一个小城市，拥有一家美甲店，他暗暗记在了心里，想等有一天，他有钱为她开一家美甲店的时候，就来迎娶她。

她等了一天，又一天，还是没有等到他的告别。恋爱中的人多少都是有些自卑的，他总觉得自己是配不上女孩的，要变得更好，要有能力开一家美甲店，要变得更为强大的时候，他才有资格拥有她。

可人的心会在等待中变得急躁，她并没有寻找到安全感，她在心里设计了无数个说离开的方式。终于，在家人的一次催婚中，她匆忙地做了决定，离开了男人，离开了药店。

一个清晨，他带着早餐如往日一样来到了药店的门口，等到药店开了门，等到所有的人都来上班，也没有等到她。

她的同事告诉他："别等了，她已经走了，回家结婚去了。"

他疯狂地打她的电话，无人接听。他来到她住宿的地方，空无一人。这真是一个总在告别的时代，遗憾的是，有一些人总会用我们想不到的方式与我们分别。就在昨天下午，一切还是刚刚好的样子，可就在这个春天的清晨，一切都破碎了。

他没有带走她。甚至失去了她的消息。他的心破碎了，但一直没有更换电话号码。他满怀希望，一直期待她会回来，却没有人回应他的心事。他只好离开，如同刚刚来到这个城市那般，走，也走得静悄悄。

他想过和她重逢，如果再遇见，他一定要问她，为何当初不辞而别。直到多年后，他出差再来潍坊，去一家饭店吃饭的时候，他看到了她，此时，她是一个收银员。他们笑了笑，却没有说话。

他就坐在那家饭店，从早晨坐到了晚上，没有吃饭，也没有说话。原来再见面时，之前所有练习的话都不算数了，他默默地坐在椅子上，看着她消瘦的身影，突然有些心疼。多年过去了，本以为她会过着幸福的生活，他假想要是再见到她，一定要问清楚当初为何离开。可是，此时他已经不想再问她原因，他只想她开心，平安，健康。

她没有和他解释很多，却约他一起去看樱花。她笑着说："你离开那么久,潍坊变化很大吧,那边的樱花开得特别美。"

于是,就有了之前两个人一起看樱花的场景,也有了之后车祸的场景。直到最后,他还是没有带走她,但是,他打算留下来,留在这个城市,记住他们所有的回忆。按照她的生活方式,继续生活下去。

人生无常,聚散终有时。

每个人都有离开的方式,许多事情都猝不及防。说出爱,或者爱上一个人,只需要一瞬间。遵守承诺,坚守所爱,却需要一生一世。

不声嘶力竭的痛苦,不代表没有心碎的时刻

1.

我知道,爱有很多种表达方式。爱是一样的,不同的是表达方式。理想的状态是,你无需多言,无需多做什么,我都会理解你,真实的情境却是,爱上一个人,我们用尽了所有的心思,也用错了所有的方式。

2.

遇见一个女孩简,为了表达爱,她在身上刻了前男友的名字,青黑色的字,在白色的皮肤上,显得如此耀眼。

我问她:"刻字的时候,疼吗?"

"不疼,心里想的都是与他共度余生,哪里还顾得上疼。"

"你一定很爱他，不然为什么会在身上刻他的名字。"

"恰好是我最傻的时候爱上了一个人，做的事情就有些极端吧！"

正当简是少女时，她爱上了一个男人，他说，你如何表达你对我的爱呢。简想了一会说，你等着，于是，再出来的时候，简的身上纹了一个字，他的昵称。

男人唏嘘不已，却也为她不值得。他们在一起了一段时间，没想到，男人还是离开了。据说他每次遇见一个女孩，都会问这句话，你如何表达你对我的爱，他想找到那个最独特的，唯一的且不可替代的女孩。

简什么都没有留下，只是，从此皮肤上有了他的名字，像是一块永不消逝的伤疤，每次洗澡看到镜子中的它，从最初的大声哭泣到后来的默默怀念，一个女孩的青春不经意间溜走了。

这个场景，让我突然想起那年自己看过的一场电影。

黑夜里，女孩试探地问男孩："你怎么证明你爱我？"

男孩说："下面就是游泳池，你知道我是怕水的，但我要跳下去，证明我爱你。"

女孩没有来得及抓住他，他就已经跳了下去。令人始料未及的是，泳池的水今晚被抽干了，男孩自此丧了命，真是拿命爱了她。女孩悔恨不已，爱情本是无需证明的情感，只要有人珍惜，它的存在就有意义。

在我看来，这是多么肤浅的做法，为了表达我对你的爱，我就要用烟头在自己的身上烫一个伤疤，或者纹一个字。可年轻的时候，我们都是那么钟爱冒险，以为一句承诺，一个爱的人就是一辈子，从未想过，以后可能会分别，所谓的一生一世的爱不是说出来的，而是随着时间的河流，一步一个脚印走出来的。

3.

关于我爱你，我还听到过这样的故事。男孩萨萨特别喜欢煲汤，自从爱上一个女孩，听说她喜欢喝老家的羊肉汤，他特意偷偷地跑到女孩的老家，去学做羊肉汤，然后用保温壶把羊肉汤带到女孩的身边，让她品尝。

萨萨被自己的做法感动不已，他似乎相信女孩也会因此内心柔软，从而更爱他。他的脑海中满是幻想的镜头。

没想到，当他回到城市时，女孩却出差了，他根本无法给她一个惊喜，更不能让她感动。再加上萨萨本身很内向，他根本也没告诉女孩自己去了她的老家，并学做了她最喜欢的汤。一场浪漫就此化为乌有。关于我爱你的故事和传说，就像老城的一阵风，我站在风口，以为会迎来花香，事实上经历的却是一场风沙。

萨萨没有和那个女孩在一起，女孩觉得他不够浪漫，性格像一杯白开水。这个原因，倒不是女孩的矫情，而是萨萨只是默默地开启自己的浪漫功能，感动了他一人。

4.

我还听说过相爱相杀的爱情故事，女孩夏淼爱上了有妇之夫，虐心的故事和情节每天都在上演。男人每天都在选择，夏淼每天都在挣扎。

放弃很难,坚持更难,没想到这段故事坚持了好几年。

夏淼认为这是真爱,我却觉得这只是一种无奈的挣扎。好的爱情可能会让人争吵,却不会让人困顿,不会让人一直沉溺在痛苦的挣扎中。若有这样的感情,一定要趁早放弃。

那么怎样的情况才代表我们找对了人?这让我想起我心中最漂亮的女明星,朱茵。

5.

朱茵在《王牌对王牌》中说过一句话:"如果你照镜子的时候,看见自己越来越美,你是找对人了!"

她的先生黄贯中第二天在微博上回应:"其实你无需照镜子,它们远远未能反映你的美。"

自古美人多,但朱茵是真的很美,我一直觉得她是个精灵,从未想过她也要过世俗的生活,也要老去,也要真挚的爱,温暖的家。多年过去,当时挡在她眼前的迷雾终于烟消云散,留给她的除了清醒,恐怕最可贵的还是庆幸。

庆幸的是我们的女神朱茵最终嫁给了黄贯中,所以,多年后,她还像个女孩一样继续站在舞台上,愉悦地聊爱情;多亏我们的女神离开了一个爱她却不想娶她的男人,不然她的一生都将举步维艰。

多年后,她在笑,当年她爱的那个男人却在懊悔。

时间真是一个好东西,它让每一个愿意自渡的人都找到了最终的幸福。当朱茵说出这句话时，我们都明白，关于过去，她早已经放下。

一定要记住，当你去爱一个人，去充满热忱地做一件事情的时候，这都是很美好的事情，它们肯定不会带给你伤害。凡是会伤害到你的心或身体的事情，都不值得去做。

爱情的世界很大，大的可以装下一百种委屈，爱情的世界也很小，小到无法承受任何的错过。成千上万个路口，总有一个人要先走，但愿你遇见的那个人，转身时，可以陪你一起走下去。

对不起，你这样，我真的很介意

公司来了一个女孩，格格。表情总是很害羞，总喜欢说："没关系，没关系。"看上去是个好脾气，试用期过了以后，主管却没有录用她。

我问，为什么呢？

他说，她总说没关系，却从不想想别人为什么总跟她说对不起。她的退让毫无意义，她的包容只会让 partner 找不到方向。没有规矩，不成方圆。

那一刻，我也意识到了自己的错误，我也是一个总习惯说"没关系"的人。

刚刚毕业时，我去一家公司实习，老板脾气特别火爆，一些微不足道的事情，都足以让他大发雷霆。虽然他发火后，很快就能平息，有人觉得这是真性情，很 man，但我觉得常发脾气的人，不管男人还是女人，不是情商太低，就是心胸狭窄。

跟着他的设计师助理换了一个又一个，我算是久的。每当他挑剔，暴躁，发火时，我都会劝慰自己："没关系，他批评我是因为严格，但毕竟能跟他学一些东西。"

一次，他找不到了一盒特别钟爱的茶叶，于是他在办公室大呼小叫，而后还调出摄像头来调查。最后查明，原来是他不小心把茶叶丢到了垃圾桶，一时忙也忘了捡回。

他过来给大家道歉，所有人都笑着说，哎呀，没关系。他也哈哈大笑。

只是后来一次，他要出国学习一段时间，临走前，他特意在每个办公桌上安装了摄像头，原来，一个人的疑心重是改变不了的。我当时就辞职了。

老板动情地说，你是我最看好的设计师了，一直以来想为你做点什么，因为你教会了我说"没关系"。

那一刻，我突然就原谅了他，心软的人果然更容易没有底线，但我还是辞职了。我想说，其实很多事我都很介意，还是笑笑说没关系。并不是我宽容，而是很多时候，我选择了原谅你，后果我来承担。

还记得一次，我出差去宁波，当地接待我的是我们交大的学长，本来关系还不错，一直沟通都是顺利的，但我隐隐约约觉得他有些强势。

后来有一次，出差时间被他反复修改，直到出发时，我的课表还未定下，我一直都说没关系，我能搞定。同时，我默默地告诉自己，忍下去。

讲完一节课，他又对我提了很多修改意见。若是之前，我都会笑着说，没关系，我来修改。但这次，我却觉得我不能再忍下去，归来的路上，我拉黑了他，并告诉自己，若以后发生类似的情况，绝不再说没关系。

我也明白，前几次的顺利，都是因为自己去选择退让，来满足他人。若有一日，达不到对方的预期，便会被全盘否定。没关系说得太多，人会累，别人也会不在意，反而觉得你是个没有底线的人。接受没关系太多，倒不见得证明心胸开阔，反而让人觉得你对自己并不在意，或不爱你自己。

一天晚上，表妹哭着给我打电话，说她在公司有一个很好的朋友言糯，表妹回了一趟老家，带来了一些点心，特意分给了言糯。

言糯拿到点心，并没有吃。反而趁着表妹不注意，把点心丢到了垃圾桶。表妹去丢垃圾的时候，看到垃圾桶里的点心，有点难过。抬头恰好又看到言糯。

言糯尴尬地道歉："对不起，我最近在减肥，不能吃甜食。"

表妹也尴尬地说："没关系，都怪我和你关系这么好，居然不了解你的口味。"

表妹和我一样，每次遇见事情，都会把错误的原因归结在自己身上。在心理学中，这是一种自卑的表现，它默认对方可以伤害自己，允许别人不尊重自己。把过多的负担交给自己去处理，去解压，去消化，这样太不公平了。

我没有批评表妹，责备她怎么可以如此轻视自己，我只是告诉她，不要盲目地送给别人礼物，已经送出去的礼物，不要想着收回，也不要想着别人一定要接纳，任由别人去处理就好了。

挂完电话之后，我想了很多，在人际关系的处理过程中，我也是弱者。更多的时候，我常常是说没关系的那个人，当你说没关系的时候，就是默许别人可以在你面前犯错，也就没有什么可抱怨的了。

如果人的心是一杯温水，那个常说没关系，我不介意的人，即使脾气再好，性格再温和，也终究有一天，会凉下去。所以，不要让爱你的人，或身边的人，说太多次没关系，接受太多的对不起。

所谓的成长，就是一遍遍地怀疑自己以前深信不疑的东西，然后去推翻它，摧毁过去的自己，才能长出新的智慧，新的自我。在一遍遍中，我们变得强大，可畏。

我更期待有一天，那些软弱如我的人，也会铿锵有力地回应伤害自己或触犯自己原则的人勇敢地说，对不起，你这样，我真的很介意。

残酷的世界，我愿做没有武器的善良人

跨年夜，我恰好加班。加班后，我看了电影《血战钢锯岭》，用来鼓励自己。

遗憾的是，那天我没有戴眼镜，恰好又坐在了后排，于是，我只能凭借仅有的英语水平来"看"这部电影，感谢这一个月来，我每天都会听一个小时的英语，在模糊的视觉世界，我居然完全理解了它。

尤其看到一个上帝视角，蒙德蹲在悬崖下，他有两个选择，一是顺着绳索逃离残忍的战场，一是继续留在这里，去救助那些曾经嘲笑过他的大兵，他选择了后者，重新跑回了战场。听到这里，我泪流满面。

一些人是真的很善良，内心很柔软。马上就要前往战场，在赤手相搏或是带上武器时，蒙德选择了后者。他不想伤害别人，即使是敌人，他

也愿意为他疗伤。或许这源于小时候,他曾拿砖头不小心砸伤自己的兄弟,看到母亲的哭泣,他内疚地想,再也不能用武器伤害任何人,或许这也是一个基督教徒的本能与使命,他不能违背自己的信仰,或许是因为他爱上了一个美丽的姑娘,爱情让他放下所有,包括戒备。

我却觉得这一切源于他对生活的热爱,他比任何人都讨厌战场,所以,每次看到电影另一条线,展示他温柔的爱情,他的信仰,他的生活时,我都会很感动。

真正的生活,我们需要的是什么?

需要的不过是干净的衣服,舒服的床,温暖的家。他享受这一切美好,却要被迫走向残酷的战场。

蒙德并不是一个坚强而勇敢的人,所以,他奔向战场,在队友们都后退时,他依然勇往直前,靠得仅仅是他的善良。他不能丢下那些还在垂死挣扎的战友,他不惜用自己的性命赌博,一次次走向他们,救了一个又一个本应死在日本军人手中的战友。一次,他闯入了敌军的秘密通道,在那里,他甚至救助了一个自己的敌人。

于是,我们看到了这样的场景,一个硝烟弥漫的战场,一个可以救生的悬崖和绳索,还有渺小的蒙德,在战场上穿梭。导演特意地用很大的场景来烘托蒙德的渺小,特意用蒙德充满暖意和爱的生活来烘托战争的残忍。

蒙德无疑是一个英雄,但在真实的生活中,却一直被战友嘲笑,甚至殴打,辱骂成胆小鬼,他因不去执枪,而被教官瞧不起。但蒙德并不计较这些，他有自己的原则，而他的原则不过是善意地去原谅别人。

所以，当教官问他，是谁打伤了他？

他会撒谎说，没人伤害他，不过是自己睡觉不老实。

但他脸上和身上的伤口欺骗不了教官，所以，教官认定这个不敢拿武器的人，真的是传说中的胆小鬼，那好吧，且让那些鲁莽的小伙子去好好教训他！

这个真实的世界，好人总是会被误伤，被误解，被否定，甚至被牺牲。可这些人为何不去反抗，依然在沉默中点头，默认坏人的袭击，原谅世界的冷漠？

是的，这一切都源于他本性的善良，他们从不带武器走向战场，也从不会对身边的人使用武器。纵使表白时，他所爱的人唐突地打了他一巴掌，他也是微笑着接受。

在看我们周围的人，无不带着武器生活，我们珍惜自己的一切，不能容忍被侵犯，被伤害，但凡牺牲一点利益，就要举起武器冲向别人的阵地。我们的道德没有底线，对错没有了标准，只想保护自己的江湖，从不在意他人的生死。

所以，蒙德是个英雄，沉默而害羞的英雄，温柔而多爱的凡人，低调而内敛的普通人。导演的安排别有用心，他把一个战场上和战场下反差较大的人，赋予了英雄本色，这才是最好看的地方。

或许每个男人都是英雄，是妻子的，孩子的，母亲的，爱情的，友情的，唯独不是自己的英雄，他们为了生死，生存，生活，或忍气吞声，或默默无闻,但他们有善良的底色,在得到和对错之间,这些人也会犹豫片刻,然后投身那火海,纵使牺牲自己也在所不惜。我钦佩这样的男人,也期待成为如此般的女人。

很多男人常常说自己压力太大,在大城市留不下来,没有车,没有房……我现在最崇尚的价值观却是,别让我死,我只想生,你也不能死,我们一起好好活着,我要带你逃离这个残忍的世界。这是蒙德带给我的全新的理解。

感谢善良的人,他们是世界的光,让我看到人性的希望,看到美好,看到力量,看到自己的不足。

也感谢这个一直面带微笑的男人,他其实一直都是个大男孩,缺乏安全感,需要指引,他的妻子也很好地充当了这个角色。遗憾的是,他们之间的戏进展太快,对手戏又太少。你敢不敢做那个没有武器就杀人战场的人,你敢不敢用你的善良去暖化这个世界?

多半的人是不敢的,因为我们害怕受伤,害怕利益被侵犯,害怕失去自我。

为何蒙德不怕?

因为他始终相信,即使自己牺牲了,他还赢得了别人的鼓掌,他用自己的光拯救了别人的生命。

这个世界需要蒙德,因为我们的心灵被灰尘蒙蔽已久;我们需要善良的男人,他们是女人最美好的希望,也是最耀眼的光。

年轻的时候没有失败的概念

我的朋友卫新，是个酒鬼。不代表他特别能喝，而在于他一喝就倒。但他特别爱喝，每次喝酒前，我们都特意叮嘱他，少喝点啊，少点。

话未落音，他那边轰然倒下。

后来，我们也就不再提醒他，任由他倒，然后再拉他回家。把他放在沙发上，让他睡个天昏地暗。他每次喝醉酒，最喜欢说的一句话是："为何我总是慢一拍。"

我们安慰他："其实你挺快的，很快喝醉，很快倒下。"

据说，每个爱喝酒的人背后都有一个放不下的人。卫新也是，事实上，他放不下的人恰好也是放不下他的人。那两个人为何不一拥而上呢？原因是他们都是慢热且慢半拍的人。

卫新和他心爱的姑娘喵喵是初中的同桌，卫新是个温吞且理性的人，数学很好，喵喵却是一个热爱读各种小说的文艺女。为了控制喵喵读"闲书"，卫新总是会没收她的书，课下再还给她。喵喵也会反抗，但想到每次数学题还要靠他，便忍了下来。每次卫新的数学考到满分，喵喵都会快乐得蹦起来，然后沮丧地看着自己不及格的数学成绩。多年来，卫新一直记得这个场景，他再也没有遇见过一个那样的女孩，明明是他赢了，她蹦起来为他庆祝，显得比他还快乐。多年后，他怀念的只是一个缩影，他知道那缩影，就是他最好的青春。

初中，每隔一段时间都会调动位置，好多同学谣传他们在恋爱，但他们一直是同桌。初中毕业那天，卫新想给喵喵表白，去表白的时候才发现，喵喵已经离校了，他慢了一步。为此，他懊悔不已。

高中的时候，他很想去寻找喵喵，其实也不一定是表白啊，就是约出来一起坐坐吧！卫新反复想这个事情，想了一年多，他终于鼓足了勇气，在一个秋天周末的午后，他去找她，却发现她早已离开。她的同学告诉他，她全家搬走了，好像去了南京。

你一定也感受过失落的感觉吧？就像是你憋足了力气，想把珍藏许久的一个气球吹起来，却遗憾地发现，那气球早就破损，有一个洞口，任由你怎么吹，也吹不起来。你明明可以早点发现，早去尝试，可你没有。生命中有很多时刻都很关键，卫新决定不再慢一拍。

读大学的时候，他报考了南京的大学，他期待在城市的角落可以遇见喵喵。大学毕业后，他留在了南京，同样期待与喵喵的不期而遇。

在这个世界上有许多寻人的方式,有许多偶遇的巧合,卫新选择了最笨那种,那就等待,无尽的,没有条件的,折磨人心的等待。

卫新一直没有找女朋友,其中不乏喜欢他的,追求他的,都被他自带天赋的慢脾气给气跑了。曾经有两个女孩,是我们特别喜欢、并认为非常适合卫新的,他却无动于衷。

"一旦你心里住了一个人,其他的都是将就。"卫新吐着烟圈,忧郁得像个诗人。

这分明就是一个情种啊!在世间纷扰而混乱的情路上,他真是难得可贵。平时的日子,他每天都看是枝裕和导演的电影,看到情深处,抑制不住地泪流满面:"世界变化太快了,我希望它还是能慢一点,慢一点。"

我们控制不住自己的热情,于是,几个人合计了一下,用了最简单的方式,利用网络社交平台迅速地找到了喵喵。

与卫新不同,喵喵似乎有了很大的超乎寻常的变化。只是从外表上看,我们就能感受到她的泼辣和雷厉风行。难道卫新是喜欢这种女人,还是岁月改变了喵喵本来的清纯。

卫新看到喵喵,就像悟空看到了定海神针,眼神中发着光亮,但行动上却是畏惧的。倒是喵喵先说了句:"三儿,你还和以前一样,一点儿没变。只是我上次见你的时候,你还没有长胡子,现在已经是,已是大男孩了。"

听喵喵这么说,卫新激动得一言没发。他默默地摸着喵喵的长卷发,突然发神经地说了句:"长卷发还是不适合你。"

喵喵诧异地看着卫新:"对了,你还是和以前一样,喜欢管着我。

后来，再也没有人管过我，我也没听过任何人的。"

其实，我们也理解喵喵，只看她的穿着打扮，就知道，在那浓妆淡抹的妆容下，依然藏着一颗青春少女心。卫新听喵喵讲她的故事，一直摇头。我们却听得津津有味。

喵喵读到高三就失学了，人生无常，她的父亲车祸去世，一家人只靠着母亲微薄的收入，母亲后来也病了。喵喵自从闯江湖，没有什么是喵喵不能做的，她从一个爱看文艺小说的女孩变成了一个假装逞强的女人。除了赚钱、还钱，为母亲看病，她再无其他心思。

时光是一把刀，只是无情地杀了那些可怜的人。纵使风雨飘摇，不变的依然是那些幸福的人，潦倒的人只是深陷困境，无力摇摆的水草。喵喵就是海上的那棵水草。

但这棵水草清晰地知道，卫新挂念着的姑娘早已死在岁月的岸边，如今的她既不能成为替身，也不算是解药。

她想要的生活是平静的，是安稳的，是婚姻，卫新还是一个孩子，虽然脸上长了胡须，但依然是一个少年。他无力承担太多，只是不想清醒地看这个世界。

忧郁的卫新，生活基本没有任何改变。按理说，喵喵寻回来了，要么表白，要么拒绝，总要有一个说法，要有一个归处。可慢性子的卫新却又陷入了新的纠结，那就是自己能不能带给喵喵幸福。他知道，她的困境唯有钱可以解决。他无力偿还。

他无数次地想开口说，嫁给我吧，喵喵。又无数次地觉得时机未到。那段时间，他经常很沉默地看着窗外的风景，总是故作深沉，任由秋雨打碎了一个女人等待的心。

我们总是不懂，以为一些人会因为爱，而永远心甘情愿地等着我们，却不知道爱会改变，会变质，会发酵，会成为过去，会再也不愿被提起。

在一个清晨，卫新破天荒买了许多白玫瑰。喵喵出现时，头发不再是卷发，而是一头利落的短发，她穿着白色的裙装，来跟我们告别，说是要去远方。但我们能听出来，这一定是撒谎。

远方是哪里呢？远方也不见得是遥远的地方，也有可能是另一个人的胸怀。远方不见得是永远不能见面，很有可能是故意躲到了一个不想让其他人看到的地方。

喵喵是怎么离开的，我们已经记不得了。即使我们再三阻拦，她却很坚决地要离开了。我记得卫新也想拦着她，不让她离开，她却淡淡地问："理由是什么呢？"

是啊，我们居然找不到留下一个人的理由，我们看向卫新，希望他能够勇敢一些，表白，求婚，总之，用一个方法让她留下来。可是人有的时候就是那么奇怪，越是关键时刻越是怂得厉害，最后，在众人的沉默中，只留下喵喵的背影和淡淡的香气。

喵喵的存在就像开了一阵子的鲜花，如春天一般短暂，很快来了，又很快去了，没有留下任何痕迹，我们对她的印象也始终是淡淡的。卫新似乎也放下了她,也终于清醒地认识到,这个喵喵和他一直挂念的那个女孩,其实不再是一人。但他越来越沉默,后来还曾跑到初中的班主任家里,问他:"当年为何要把我和喵喵一直安排成同桌啊?"

班主任回答:"只是觉得你们很般配,而且你还能辅导她数学,她还能教你语文。再说当时你们谈恋爱,我要是强硬地拆散你们,岂不是会被怨恨?"

"我们当时没有恋爱啊!"

"现在呢?"

"现在也没有。我一直单身,在等她,她曾出现一段时间,又走了。"

"那一定是哪里出错了吧,我想……"班主任尴尬地回答。

那就是哪里出错了吧,错在哪里呢?卫新问我们。

错就错在人生步履不停的路上,你总是慢半拍啊。也不是,其实最终的原因是你不够勇敢。爱情,有的时候需要的不过是肯定,不,而是非常肯定。那时的心态应该是这样的——我肯定爱的人是你,我今生就是要和你在一起,我没有犹豫不决,也不想徘徊不定,我知道错失了这一瞬间,下一刻我就没有必要出现在你面前了。这一刻,就是一生一世。

但卫新从未给喵喵说过这样的话,他更多的是纠结,或者徘徊不定。他在想,眼前的这个人是不是内心一直牵绊的喵喵,他还在衡量自己可以带给她什么样的生活,她能够带给自己怎样的安慰,他应该怎样介绍给自己的家人,家人是否可以接受风雨飘摇的喵喵……

理想和现实的挣扎还没有结束,喵喵却走了。哪有人会一直等着我们的选择。

爱虽然是没有条件的，但爱需要尊严和尊重。

据说喵喵很快嫁人了，真的如她所愿，过上了安稳的生活。

她走后，卫新更爱喝酒了。他依然是一杯倒，没事还是喜欢聚起来喝酒，但他明白，他的内心空荡荡的，再也没有住过任何人。

我们知道，自从喵喵走后，卫新真的长大了。此外，他喝酒再也不会一杯倒了，此后，他最常说的一句话是，爱一个人真的要勇敢一点，哪怕是一点。

不要在原地悲伤，要向前跨越

去年十月去哈尔滨几所大学演讲，一个粉丝通过我的微信公众号加了我的微信，说想见我一面，和我聊聊他的故事。

我本不愿见他，他却很执着，尤其是看他朋友圈，还特意晒了他写给我的书评，让我很感动。

演讲结束后，我们去喝咖啡，他带了一个很漂亮的女孩来"陪聊"。

女孩叫党姑娘，白净而漂亮，很成熟干练的感觉，留着长卷发，化着精致的妆容。

当她走近我的时候，有一种走路带风的气质，干练而潇洒。

没想到她问我的第一个问题居然是："你猜我有多大？"

"三十吧！"我不假思索地说。

"其实我才二十五哈，还不到……"

"啊！"

党姑娘潇洒地挥挥手，让我不用解释，并说之所以问我这个问题，是因为她发现每个人都会把她想象得很大。当然，她并不觉得尴尬，看着镜子里的自己，时常会觉得忧伤。

党姑娘没有开口说话时，我一直觉得她是个多金而外向的女生，一开口说话，却立刻变成了一个需要人保护的小女孩。又或者，很多时候，很多人都不是我们看到的样子，为了保护灵魂深处的脆弱，他们恰恰会伪装成另一个人。

各人有各人的命运，它从不曾放过任何人。

党姑娘没有妈妈，妈妈对她来说就是一个谜，一度她怀疑自己是个孤儿，可姥姥和小姨会拿出妈妈的照片给她看，爸爸会给她讲妈妈从前的事，这么说，妈妈是存在的，只是已是过去。不过已经没有关系，党姑娘长大了，她似乎生活得也很好，只是走过的路，谁也不能体会其中的艰辛。她并不怨恨自己的妈妈，只是遗憾，为何那么亲近的人，却没有见过面。

读完高三，她考了一个不好不坏的专科学校，她本想继续念下去，但看到后妈迟疑的眼神，爸爸不确定的摇头，她只用了三秒就决定去赚钱，去打工，去养活自己。十八岁万岁，十八岁就是成年人了，本是开心的事，党姑娘却哭了。

当车拉着党姑娘离开了她生活的小镇，她哭得更厉害了。隐约中，她觉得这次外出很有纪念意义，那就是她以后的人生不再属于这里。党姑娘突然觉得自己会不断地与过去告别，永远停不下来，狼狈前行。

党姑娘做过很多工作，聊起过去来也并不避讳，这一点我很欣赏。我想起自己刚刚大学毕业那时，也曾费力地做过一些工作，险些被开掉，险些被看不惯我的同事给赶走，那时我经常流泪，但此时不愿也不会与人分享。党姑娘却不同，她的记忆力很好，她记得的都是幸运或美好的事情，她赚到的第一笔钱，某个陌生的城市曾帮过她的一个人，她第一次吃到芒果的味道……

努力的人果然更幸运，党姑娘一步步走来，认识了许多温暖的朋友，她总说这个世界还是好人更多，至少她没遇见过坏人。唯有一次，她打黑车，她上车对司机说自己很少打黑车，怕出事。

司机反问她："假如你真的出事了，今天谁也救不了你。"

她却回答："其实一直也没人救我。"司机噎住了，不知如何回答她。

党姑娘一路向前，做过洗碗工，捡过破烂，当过服务员、售货员，住过地下室，她一个人在一个城市漂泊，这里就是她的海洋，她从未如此孤独，也从未如此勇敢。她做过一切不靠谱的事情，爱过几个渣男，也曾哭得撕心裂肺，却从不会衣衫褴褛地出现在众人面前。她终于明白，成长不过是让一切体面一些，悲伤体面一点，活着体面一些，一个人也要试着体面一些。

在前行的路上，她也遇见过看似一夜暴富的机会，也遇见过说是可以带给她一生幸福的人，她得到那些东西时，也曾欣喜若狂，但随着时间的沉淀，她终于明白，自己并没有唾手可得的好运气，她只能用最笨的方法，选择了自己觉得做得还不错的事情，从最低端开始做起。

她想当一个裁缝，当初选择的时候，脑子里想的是，姥姥和小姨说母亲曾是一个做衣服卖衣服的人，那就是说她身上也隐藏着这种天赋吧。除此，她还有一个不可能实现的愿望，就是期待有一天母亲突然出现，她可以亲手为她做一套衣服。

她真的这么去做了，并充满热情。裁剪衣服成为她的全部，她用尽所有智慧设计，打样，裁剪，缝制。折腾了三年，吃了三年哑巴亏，她的生意自然也是风生水起，她思索再三，问我："你觉得我现在是服装设计师了吗？"

"是！你这是自学成才。"

"我可不敢，就是趁着好时候多做点自己力所能及的事情吧。"

党姑娘说话，总有些超越她年龄的成熟，我不喜欢故作成熟的人，但她的年幼老成却让我觉得欣赏，又心疼。我知道她现在过得很好，甚至比我还要好，她工作、财务自由，她有钱却不任性，她有能力购买喜欢却昂贵的东西，她有过坎坷，却爱这个残缺的世界。

党姑娘活得太完整了，我羡慕她。

她却说："我只是想做一点事情，让远方的母亲觉得脸上有光。可她太远了，远到无法看到我所做的这一切。"

与党姑娘告别的那个夜晚,哈尔滨突然下起雪来,很想告诉党姑娘,她母亲一定能看到,却又觉得她也肯定有过类似的想法。我们都想成为更好的自己,去勇敢地做自己,或许并不是为了成全别人的期待,只是让自己更圆满。只是路上,难免坎坷,那个没有鞋的孩子,奔跑起来会更痛。

党姑娘说:"回忆那么多不能回忆的事情,我仅记住了所有的快乐。"这句话,让我彻夜失眠。

我们无法选择自己的命运,但能选择自己的前程。我们无法选择自己出生的家庭,却可以选择自己成为谁。懂得如何去生长,才有可能逆生长。

年轻的时候,我们都一样,莽撞又夸张,跌倒的时候,受了一点伤,便大呼小叫,以为世界不肯让步自己,其实多半都是自己站在原地悲伤,不肯努力往前跨越。所以,我们才欣赏那个走过风雨,依然义无反顾,勇气满满的人,所以,我们才更欣赏那个身穿铠甲,内心柔弱的人。

悲喜交集之后才是人生,痛过之后再哭才是生活。

但愿我们都能懂,但愿亲爱的你,走过沧海风雪,走过人间险象,也仅记住所有的快乐。

灵魂必需的东西，是金钱无法购买的

一个特别喜欢买新衣服的朋友，患上了选择性恐惧症，这不奇怪。她拿不定主意是买牛仔装，还是白裙子，在我们看来，这明显就是两种风格。

看到她那么纠结，我说："选一种自己的喜欢的风格，就好。"

她却说："这两个风格哪个适合我呢？"

未等我回答，她就立刻决定了："都拿着吧！治疗选择恐惧症的药原来是都拿着。"

当然，都拿着以后，再过一段时间，她的心态就是都后悔。她不明白自己为什么找不到适合的风格和衣物，交不到合适且长久的朋友，她更不明白自己为何总在跳槽，做事一直是三分钟热度。

假如我们对一个事物的喜欢仅停留在喜欢或不喜欢的层面上，其实挺短的，第一眼或几分钟，你就能确定。但仅仅喜欢是不够的，人要学会长久、长情。

即使拥有全世界的衣服，没有一颗辨识的心，朴素的态度，我相信她依然会觉得自己缺一件衣服。商家宣传时，常用"女人衣柜里永远缺一件衣服"来形容女人对衣服的喜欢，但我觉得女人缺的不是衣服，而是对自己正确的认识。

我还记得之前认识特别漂亮的一个女孩曼姬，她钟情于买各种指甲油，她的床头柜有整整三个抽屉的指甲油，但我们逛街，看到指甲油，她依然挪不动脚。

她留学归来时，数了数抽屉里所有的指甲油，一共六十多瓶。可机场过安检，肯定不允许拿这么多瓶指甲油，她忍痛割爱，反复挑选，只带走了几瓶，剩下的都被丢到了垃圾桶。她望着垃圾桶，很心疼，暗暗发誓再也不乱买东西。回国后，她依然死性不改，继续成为指甲油的奴隶……

回到北京，因为工作的需求，她经常出差和搬家，每次都会丢掉很多东西，疼得她龇牙咧嘴。于是，她简化了自己的行李，规定所有的东西三个大的行李箱就能拉走。为了疼得更彻底，她特意把不需要的衣物都装在了口袋里，过了一个月依然未被想起的衣物就被她咬着牙丢掉了。

自从她只有三个行李箱就能行走江湖以后，她发现自己的世界清静多了。无论去哪里，都随心所欲，内心并无太多牵挂。因为更多时候，支撑我们的是欲望的驱使，而并非真实的需要。我们为了填补内心的空缺，除了买买买，还一定有其他的方式，那就是去读书，去提升自己，去感受朴素的大自然。不要试图去拥有更多的东西，它们都是你前行路上的累赘。

我也曾是一个资深的卡奴，每到偿还信用卡时，才恍然大悟，这张看似可以透支的卡，储存的却是自己未来的时间和精力。每当任性地消费时，想的都是对自己好一点，别亏待了生活，却不知前行的路上，成人的生活没有容易二字。

有时我还会看到一些透支的负面消息，一些女孩被迫去裸贷，一些男孩因偿还不了信用卡，被拘留等等。我并不认为提前消费是错的，但认为我们的消费还是不要超出自己的能力范围。可以努力再努力一些，去得到想得到的东西，但不要只是为了得到而去挥霍。毕竟，现实的生活是残忍的，没人会为我们的任性买单。

拥有钱，或拥有很多很多钱，其实并不能拯救一切，甚至拯救自己。我一直认为，有价值的人生不在于一个人拥有多少物质财富，而在于他是否可以在稳定的物质财富之上去创作更多的精神财富，并将之回馈社会，或尽心尽力地去帮助他人。

我去参加朋友的婚礼，每次看到那些父母溺爱地看着孩子拿着高端的玩具，他们说："别看现在挺稀罕的，一会就给弄丢了，今年光买玩具，我就花了很多钱。"他们说这些话，倒不是心疼钱，而是炫耀我买得起。

我曾看到手捧鲜花的新娘不愿走下婚车，原因是伴娘们要新郎支付巨额的新娘下车钱，她们才肯放新娘下车。我实在不明白，在这场婚姻中，伴娘看重的是闺蜜的幸福，还是自己能获得的利益。我也曾看到过争论不休的刚结婚就要离婚的新人们，以及不甘示弱的彼此的父母，争来争去，所争的不过是物质上的不舍。

还有那个弄假离婚证明的女人，最初想的不过是把先生逼出房间，她想要一整套房子，最终弄巧成拙，不仅没有捞到好处，还赔偿了一百多万的违约金。她看似一切都无所谓，看客们也以为这是无聊的有钱人的游戏，或许只有亲历者才能懂因贪心而负债一百多万的压力。

我们都不是穷人，却过着比穷人还要糟糕的生活。

强大的物欲是没有办法被满足的。在它面前，我们抛弃爱情，透支生命，拼命追逐，拥有越多，却也越恐慌。一件物品，无论是便宜，还是昂贵，无论是普通，还是稀有，一旦拿到手中，我们所支出的一切，不过是对自己的消费。

一些人会说，我要好好爱自己。

真正的爱自己，并非以买买买去支撑自己的欲望，而是为了好好的爱惜自己，不提前透支自己的精力和时间，不用去提前承担更多的消费和压力。

多余的财富只能够买多余的东西。少即是多，与其消费自己，不如爱惜自己。

惜时惜福，珍惜自己的时间和拥有，一草一木，家人和朋友，须臾片刻，花开的瞬间，都是美好。你需要做的不过是，看到这种美好，并去珍惜，而不是着急赶路，一路杀过去，什么都想要，却什么都不会拥有。

心疼自己，终身浪漫的开始

1.

涂小牛是我的忠实粉丝，这一点让我受宠若惊。

一是那时候我刚刚写作，还没有什么名气，二是涂小牛特别漂亮，还有就是她为了见我一面，特意从长沙赶到北京。我们就坐在她选的一家特别精致的中餐厅，点了我最爱的水煮鱼。

千里迢迢，她不过是来问我一个傻女孩才会关注的问题，她失恋了，想换一座城市生活，不知道去哪里，甚至不知道要不要换一座城市生活。

2.

当时的涂小牛迷茫且认真，憔悴依然无法遮挡她眉眼之间的善良和美丽。

她说自己爱上了一个男人，我们且叫他谷总吧。谷总为了追求她，曾不顾一切地做了许多浪漫的事情。比如，他曾开车从深圳追到长沙，只为见小牛一面，送她一束花。他知道小牛喜欢花，就买了一个庄园的花，这个庄园只能小牛进去赏花。他们曾一起去拜佛，为了表达自己的诚意，他一路跪拜，一路向前，涂小牛的心慢慢放下了防备。

最后，她的脚受伤了，他背着她一路向前，他每走一步都气喘吁吁，她的心也跟着这喘息声上蹿下跳，据说那就是一个女孩最美好的爱情。

他们真的在一起了，爱得死去活来，她为了他，辞掉了工作，从长沙跑到深圳，只为好好地做他的太太。他们一起挑房子，选婚纱，幻想结婚以后的以后……

可惜，并不是所有的故事都有结果。就在涂小牛想着第二天去交新房的定金时，她接到了另一个女人的电话，才明白自己的位置。看上去敦厚老实的谷总原来有两个女朋友，幸运或者不幸的是，眼前的女孩比她早一步怀孕了，女孩一直知道小牛的存在，却一再退让，如今为了腹中的宝宝，她也是逼不得已，前来通报。

涂小牛只好消失，她一个人有多期待来到深圳，就带着多少潦倒离开。虽然男人用了各种方式找她，挽留她，她却把所有的心都封闭在了玻璃瓶中。任由外面的人呼喊，自己却无动于衷。

她只身一人来到北京,与我诉说完心事,又前往长沙,与家人告别,再次前往深圳。原来,她觉得自己是在那里跌倒,就想在那里爬起来。她打算做定制服装,做中式旗袍,于是,她埋头书和设计稿中,开始了新的征程。

3.

涂小牛做事很快,一两个月后,衣服的样品就出来了。她给很多朋友邮寄了衣服,收到了很多赞美,也收到了许多怀疑。我也收到了她的灰色旗袍,是将运动衣的舒适和旗袍的美联系在了一起。而后,涂小牛做了许多类似的衣服,都充满了新意。

她越做越好,也有人建议她去投资其他行业,她却说,做好这一项就足够了。

她活得越来越明白,也越来越潇洒,在人生的路上,虽有迷茫,却不至于再次一头栽倒,这也是成长的所得吧。

她从以前总在深夜里给我留言的状态,变成了也会帮我解答问题的贴心女伴。她从跌撞着要觅死寻活的女孩,成长为觉得一切自然而平静就是幸福的女人。她从一无所有的城市漂泊者,到在深圳开了一家小有名气的服装设计店。这中间,有过多少挣扎,流过多少眼泪,失眠过多少夜晚,恐怕她自己也数不清楚。

一天,她读到史铁生所写的一句话:"人和人的交往多半肤浅,或只有在较为肤浅的层面上,交往才是容易的,一旦走进深处,任何人就是互相的迷宫。"

她安静地把这句话发给了我，说自己早已终于原谅了谷总对她的伤害，也原谅了生活的所有考验，往下的路，不过是她一个人在迷宫里兜兜转转的寻找。

想爱别人，必须先爱自己，想依附他人，自己必须强大。我们终会明白，世事无常，并不是他人寡情薄意，也并非抵抗不了诱惑，而是在选择面前，人人平等，迷茫也一样。

4.

就像我以前经常出差，我从不吃早餐，即使酒店会赠送早餐券，我也不会起床。我经常赶夜路，还有觉得自己什么苦都能吃，经常像个打了鸡血的女战士，晚上熬夜，假期时从不肯牺牲自己的时间去陪伴家人。为了得到更多，我试着放弃与亲近的人相处的时间，花更多的时间与工作相伴。

直到前些天，我病了，持续发低烧，胸闷，头疼，住院，打点滴，我才明白自己并不是钢铁女战士，生活需要从容一些，我最需要学习的课程不过是如何去爱自己。因为一直以来，我都以为自己是个缺爱的女孩。

小时候，因为我是个女孩，总是被忽视，后来读书，想得最多的不是如何提升自我，而是如何乖巧地听父母的话，让他们安心，因为过于乖巧，听他们的话，反而错过了被保研的机会。

后来有了男友，想得最多的不是如何去爱他，去试着拥有一个家，而是如何省钱过日，后来终于把厨艺练出来了，却与男朋友分手。

工作以后，想得最多的不是如何去利用下班后的时间充电，反而一心想去处理和同事们的关系。记得一次辞职，花了几千块钱请他们吃了散伙饭，却悲哀地发现大家自此再无相见……

直到有一天，自己终于懂了，我把过多的时间和精力都用在了其他人身上，以至于忘记了自己的内心所需。所以，人生才会多了许多莫名的选择和纠结。

试想自己若是一个颇有主见的人，有目标，有热爱，有执着，就不会在意路上遇见谁，又有谁离开，也不会过多在意他人的建议和想法，他们无法决定我们要到达的地方。毕竟梦想和远方，只属于我们自己，一路走去，是孤独的，是自我的，其他人并无法给予什么。

之所以走那么多弯路，有那么多迷茫，多半是因为自己不清楚想要的是什么。

一旦清楚自己的所想所要，其实我们就是幸福的。我们都是普通人，都过着并不富裕的生活，在变成更好的自己这件事情上，并无特效药。

面对风雨的时候，也是收获的时刻，任何困难和问题，其实都不值得我们唉声叹气。

5.

岁月是个神偷，真是抱歉，我们谁也回不去。

成长后，最孤独的感慨莫过于，以前我特别想嫁给一个闪闪发亮的人，他拼命爱我，保护我，温暖我，后来，我只想自己做一个这样的人，去保护，去温暖我爱的人。

我明白，只有学会深爱自己，才有资格去温暖别人。

世间万千种宠爱，你只能走在自己的路上

1.

最近一次回老家，我刚坐到爸爸车上，就有人拍打我的车窗，我摇下玻璃，看出了眼前的女人正是我小时候的玩伴。

此时的她，身材已是富态模样，身后是她的儿子，已有她那般高，长得很帅气，眉眼之间与她很像。我激动地喊着她的名字。

她让儿子来给我打招呼，她言辞之间满是羡慕："听说你现在是个作家了。"

我笑着说："没有呢，只是喜欢写，穷书生。"

"你小时候就喜欢写作。"

"我记得你小时候喜欢唱歌，那时咱们还上初中，你就一个人站在

教室外面的那棵大树下唱歌，你还记得吗？"

"模糊了，真模糊了，瞧我，只记得你的梦想，自己的却忘记了。"

我不知道这样的回答，自己究竟听了多少遍，后来听得多了，便也明白了，人们习惯性地把自己无法实现的梦想悄然忘记，待多年后再回忆，他们会隐藏，或不愿意再回忆。

2.

我的名字叫娜，当时随着爸爸从甘肃张掖的部队转业来到山东县城的小镇上，娜字还算是稀罕的。听妈妈说，有个可爱的邻居就按照我的字，给她三个漂亮的女儿们分别取名为丽娜、杰娜、霄娜。

每到吃饭的时候，街头总会想起"娜娜、娜娜"的叫喊声。所以，有一段时间我很痛恨自己的名字，闹着要改掉，才有了小名"晓艺"。

总算与她们区分开了名字，但我们还会被在一起比较，她们的成绩比我好，长得比我漂亮，我唯一的优点就是乖乖的，或者说是傻傻的。三姐妹中，我特别喜欢那个老大，跟在她的屁股后面，玩游戏或写作业，哪怕是吃零食，都喜欢听着她的指挥。整个少女时代，好像都是跟着她走过来的。

但我明白，她的成长不易，父母常年在外唱戏，很少回家。她既要照顾妹妹，又要伺候生病的奶奶，所以很独立。

一次，她晚上在我家睡觉，半夜时，她的奶奶来喊她，说是她的妹妹发烧了,要她带去医院。她真的立刻起来了。

我半睡半醒,朦朦胧胧之间,很是心疼她,毕竟同样的年纪,在那个时间去医院,除了勇气,还有对家人无私的爱。

我记得当时她的妹妹病得很严重,有很长一段时间,她因为生病的妹妹没有来上课,真的就此退学了。

我特意跑到她的家里问:"你为什么不读书了呢,好不容易读到了初中。"

她告诉我:"我可以在家里唱歌,你知道的,我家里过得太穷了,我是姐姐,理应把更多的机会让给妹妹。"

我问她:"你以后想做什么呢?会想着做歌手吗?"

"那倒不会,还是得现实。我以后想开个超市,就这个小镇上最大的超市。"

我看着她脸上的泪痕,风怎么都吹不干。与她年纪不相称的早熟,让我心生敬佩。往下的时光,由于选择的路不同,我再也没有跟在她的身后或听从她的指挥。我每天奔跑着生活的三点一线,她似乎瞬间长成了两个妹妹的"妈妈",喜欢和年长的女人待在一起,把妹妹送去上学后,就跑到集市上卖蔬菜,赚钱养家。

3.

我读了高中,读了大学,直到工作,每次回家,都会看到她。她没有远嫁,就嫁给了小镇上的一个男人,为的也是照顾家人。幸好她的两个妹妹很争气，都考上了很好的大学，去了南方，有了体面的工作，却很少来看她。

她也不争什么，并无埋怨："她们过得很好，不为生计发愁，挺好的。"

提到整日在外唱戏、漂泊的母亲，她满是心疼："我觉得你和我妈妈特像，这也是我一直喜欢你的原因，你们有梦想，就在外面一直努力去做，我真的挺羡慕你的。"

岁月对人真的很不公平，阳光晒黑了她的脸庞，她喜欢打牌，嗑瓜子，吃红烧肉，所以身材有些肥胖。她不以为然，笑着打趣，说我太瘦。

小镇的水土养肥了一个女孩的身躯，把她从一个天真绚烂的女孩，养到如今的饱经沧桑。她笑说自己早熟，我分明看到那是无奈生活下的一种被迫长大。

同龄的女孩分明都还在阳光下起舞，她却忙着收割、赚钱养家、照顾妹妹。此时，与小时候一起长大的女孩们站在一起，其他女孩依然轻声笑语，她却笑不出来，仪态之间尽是衰老的痕迹。但我依然觉得她活得很圆满，毕竟她所理解的生活就是燃烧自己，成全家人。

我无限感慨，我们和小时候的自己，终于长成了截然不同的两种人。小时候，她是那么漂亮，那么有才气，我却那么肥胖而笨拙，她的成绩优异，我却什么都记不住。

未曾想，命运弄人，由于身处环境不同，成长的选择和步伐不一致，这个与我的名字相同的小伙伴却走向了另一条人生的路。虽然成人的生活没有容易二字，但我依然觉得她的路显然辛苦了许多。

二十年，时间似乎过得很快，很快，很多事情或来不及，或身不由己。但身在漩涡中，仔细想来，我们还是按照内心所期待的那样去发展。

我一直记得她类似忧伤地说过这样一句话，现实会捆绑一部分梦想，让人放弃许多选择。我默默地站在她的旁边，看着她，想象假如自己没有走出这个小镇，这条街，如今会过着怎样的生活。

想来想去，突然羡慕起她的安稳，有了家，有了孩子，有一个在远方打工赚钱养活自己的男人，还有一个超市。不像我，四海为家，真的没有停下的那一刻。年轻人的生活永远有选择，选择更好的，更安稳的，更朴实的，而她却一落到地，从很小的时候就固定在了这种生活方式上，对此，她并没有任何怨言，而是勤恳地生活，每天不用慌张，不用焦虑，不用计较。

那我为什么要一次次从家乡启程，一再地回到城市中漂泊，其实就是不甘心吧！我不羡慕马戏团的表演，不羡慕华丽的人群，但我只想按照自己的方式寻找到属于自己想要的生活，这个城市暂时能给我一片自由的世界，任由我飞。我每天都活得很安静，可以在二十四小时书店一直写作，可以有志同道合的人和我聊聊天，虽然我忙到没有娱乐，但生活是充实的。

车启程的时候，她对我挥手说再见，我看着反光镜中的她突然哭了，那一刻，我也落泪了。

我在心里默默地对自己说："再见，老家！"

真的，再回到小时候生活过的地方，看到那些曾在自己生命中出现过的人，我时常有一种错觉，就像是小时候的我一点点长大，我成为了两个人，一个人过着我现在的生活，一个人就留在了这小镇上，替我去过另一种生活。

无需羡慕，无需聒噪，生活已经把最好的路，最迷茫的选择放在了我们的手上，往下的生活，不过是一场又一场的奔赴。

我知道，再过几年，我或许还在漂泊，但她的超市一定越开越大，她无需读书，生活就能让她明白许多道理。我却只能一直不停地读书，旅行，遇见更多的人，听更多的故事，让自己的人生过得更充实、丰盈。

4.

看到我的公众号上每天都会有人来问我，怎样的生活才是更好的，她们把所有的选择告诉我，期待我会有不同的回答。

其实我真的不知道。

这个世界最可悲的事情是，即使人生有很多种选择，很多条路可以走，但你只能走上那唯一的一条。我们唯一能做的就是握紧双手，好好地在这条路上走下去。

每个人对生活都有不同的理解。

巴尔蒙特说："我来到这世上，是为了认识太阳。"

我儿时的伙伴说："我只是想把更好的机会让给妹妹们，看着她们比我过得好，我就很满足。看着她们不再受我所承受的苦，我就很开心。"

而我理解的生活就是去做自己喜欢做的事，去照顾家人，去和自己喜欢的一切在一起。

我们明白，我们极力想保护的人即使没有承受我们的苦，也会走其他艰难的路。因为生活对每个人来说，表面不公平，私底下却是一样的两难。

我们唯一能做的，认清自己远远不够，还要认识自己想过的生活，并与她握手言和。

直到那天，我突然读到季羡林先生写的一段话，并深深为之所动。他说："我是一个没出息的人，我的感情太多，总是供过于求，经常为一些小动物、小花草惹起万斛闲愁。真正伟大的人们是决不会这样的。反过来说，如果他们像我这样的话也不可能成为伟人。我还有点自知之明，我注定是一个渺小的人，也甘于如此，我甘于为一些小猫小狗小花小草叹气与流泪。"

世间万千种宠爱，无数种人心，但愿你行走在属于自己的那条路上，没有遗憾，也无后悔。

外表的伪装,是成长的盔甲

在我读大学的时候,有一个特别好的朋友,钟毓。

我们每天一起上课,画画,逛街,吃小吃。她特别喜欢吃冷锅鱼,一次,我们正吃得欢畅,吃着吃着,她大叫一声,我才发现,原来她的牙齿被黄豆给崩掉了一颗。她捂着嘴巴,用漱口水把牙齿的血洗干净,对我说:"接着吃,别被我吓到。"

多年后,我依然记得这一幕,她忍着疼和我一起吃十块钱一位的冷锅鱼。

我们再次遇见,我问她:"当时一定很疼吧,为什么还要坚持继续吃呢?"

她的回答我一直记得,她说:"因为你特别喜欢吃冷锅鱼,我不能中途离场。"

毕业那年恰好赶上了汶川地震，我记得当时我们俩在宿舍，可惜，我们都是后知后觉的笨姑娘，即使地震了，也依然没有意识到那就是地震。

我对她说："外面是有点不一样吧？"

钟毓说："好像是。"

直到听到外面有人喊："地震了，楼上的姑娘们快跑啊！"

我们俩才匆匆忙忙地顺着人群，顶着被单跑了下来，跑到楼下，她对我说："咱俩得去买点食物，买点水，不能断了吃的。"

钟毓那时有个男朋友叫何里，和我也是很好的朋友。我们艺术学院在老校区，何里在新校区，从老校区到新校区平时坐公交车是二十多分钟，由于地震，车停了。于是，他一个人拿着一把哨子走到了新校区，找到我们，严肃地说："这把哨子真的不一样，假如你们被埋了，你吹哨子，警察就能找到你。还有就是，这个哨子上有指南针，你看！"

那么紧张且慌乱的时刻，谁能看哨子，但我们依然很感动，只是钟毓对爱的表达方式有点不同，她傲娇地说："要埋也是埋了你喔！"

我们在一起的时光走得很快，直到毕业时，我才明白分别的意义其实是很有可能再也见不到了。年轻的我们，因为共同的梦想聚集在一起，但我们总有分别的一天，为了奔赴前程，为了不同的人生目标，我们走向了不同的人生方向，不知未来会不会再遇见，不知明天是否还能不能怀念。

毕业离校那天，我和钟毓坐在火车上，与大学同学匆匆告别。

何里就坐在我们身边，与身边的同学抱头痛哭，他穿着学校发的白色纪念衫，上面写着几个字：青春再见。

钟毓悄悄地对我说："你瞧，他们分个别，都比我们矫情。"

何里却觉得她过于冷漠。

他们和我一起来到了北京，他很快找到了工作，在建设部上班，钟毓却一直没有找到合适的工作，就这么一直漂着。就在她失意的过程中，何里却喜欢上了公司里的一个女孩。那个时候，我们简直无法想象，一个文艺男青年居然会背叛自己深爱的女孩。傲娇的钟毓立刻转身离开，据说，她大病一场，整个人瘦弱不堪。

有段时间，她曾有些失控，让我给何里打电话，骂他。我却没有那么做。

她言辞之间满是失望："其实你们也是朋友，但我总觉得你会和我亲近一些呢！"

我一直沉默，但直到今日，我后悔了自己那时的沉默，她期待的或许不是我把他骂一顿，她在乎的是，我能不能站到她身边。

她回到了家乡，安安静静地找到了一份工作，拿了第一个月的薪水，特意来找我，我清楚地记得那是一千块钱。她花了九百多，给我买了一身衣服，请我吃了一顿烤鸭，留了一些车费，就默默地回去了。

我没有想过，那是我们最后一次见面。她回去之后，不到三个月就迅速地结婚嫁人了。而后，她换了手机号码，和我再也没有联系了，除此，她在大学朋友圈也消失了。有一段时间,我曾试图去寻找她,却发现如大海寻针,真的很难找到。我从未想过,一个鲜活的人在你面前生活了几年,说消失也就真的会再也不见。

后来,我倒是见过何里。他读了我写的书,我写的故事,特意来公司楼下找我。此时,我看到他,除了胖了许多,与过往并无很多区别。我看到他的时候,顿时觉得时光穿梭,似回到了发生地震的那一天,他拿着一把哨子,走了两个小时零二十分钟,从新校区走到老校区,只为了给心爱的女孩送一点安全感。

谁能想到那个每逢中秋节都会给我们发一条"但愿人长久"的男孩,居然在毕业后为了户口和房子,放弃了最爱的女孩。谁又能猜到当时他内心是否有纠结和挣扎,可过去还是回不去,我们好像站在时间之外的路人,说着从前的故事,没有惋惜,没有唏嘘,也没有遗憾和流泪。

过去的且让它过去,可过去的始终又无法释怀,因为它不可能烟灰飞灭,也不能被抹去。

我特意跑到她的家乡去找钟毓,找到她时,热泪盈眶,颇多感慨。与何里相比,她变化倒是挺大的,多了几分从容,岁月似乎磨平了她的棱角,她言辞之间不再那么分明,也不再那么调皮。她的平和让人觉得陌生,我却不得不接受。

我问:"这些年,你为何要躲起来?"

"聪明的女人都拥有切断感情的强大力量，我也想做一次聪明的女人。之前，我太傻了。"

及时地切断感情，听起来有些抽象，我们拥有丰富的感情却不沉溺其中，并拥有及时进行恰当处理的能力。说来容易，却让一个人消失了那么久。

成长是什么？

或许就是变得越来越睿智，这种睿智是懂得区分什么重要，什么是不重要的，是懂得自己要心平气和地去接受什么，也知道哪些东西是自己努力可以得到的。

所有的决定都是瞬间下定决心，成长也是瞬间，爱一个人是瞬间，忘记一个人也是瞬间，原来那一瞬间，我曾哀求你，求助你，你却没有奔向我。

不用着急，也不要说对不起，时光会告诉我们一切答案，同时，也会让一些选择水落石出。要知道曾经的某一刻，我什么都不需要，只想让你安安静静地陪伴我，要知道曾有那么一瞬间，我什么都不想得到，只想拥抱你。

我与她挥手告别，本以为她会平静地站在那里，与我说，再见。

但车响动，缓缓开起，越来越快，我看到她跟着车跑了起来，泪流满面，对我挥着手，那情境，好像我们真的不会再见。我知道那个陪我吃冷锅鱼的少女，她还是过去的她。外表的伪装，是成长的盔甲。

她的心其实还活在过去，我们的友谊也一直在过去。

任何改变未来的可能，都值得去冒险

1.

上个星期，张晓琪的日本签证办下来了，她努力了一年多要去日本留学的梦想终于成真了。就当所有人为她开心的时候，她突然问我："你觉得我去日本读书到底值不值？毕竟花光了我所有的积蓄，我还得借很多钱。"

"值啊，当然值，所有能改变未来的钱都值得。"

"可我怎么那么心慌，很怕自己赢不了什么。"

"可你也会遇见新的机遇，新的人群，新的生活。好多事情都会在一瞬间改变。前提是你为此做了许多准备。"

"我到了日本，一边打工一边读书，我很怕自己坚持不住那种辛苦。"

"不去试试，怎么知道呢？"

张晓琪在快要三十岁时放弃了很好的工作，放弃了很好的机会，选择去镀金，内心自然不安。或许在很多人看来，这是一件很危险的事情。她们说，女孩子还是要回归生活，嫁人为妻，成为别人的母亲，然后日复一日，从平淡而重复的生活中你会找到依赖。他们说，女孩子不要太要强，男人都喜欢听话的，一个人打拼还是太艰难了。

我却认为，女孩在年轻时也应该有其他的坚持和选择。

我们都会老去，女人的青春也可以很长，我们对生命的态度，决定了青春的长度。每个人的生活都不一样，从来不会有任何一个标准会把我们固定在同样的人生里。这也是人生最有趣的，也最可贵的地方。

然而关于花钱去深造，值得不值得，我想有一个人的回答是最好的。

那就是松浦弥太郎，他在《松浦弥太郎的100个基本》中曾说："钱要用在丰富个人体验和感受上，这才算是为自己的投资。要带着给自己播下种子的意识使用金钱。给自己的投资有很多种类，学习就是其中之一。这种时候，千万不要吝啬金钱。"

2.

我的微信里有一个男孩叫烧麦，他现在国外留学，经常会发一些他打工的照片，国外的风景，他旅行去过的地方。我特别羡慕他的状态，经常给他点赞。

一天，他给我留言："姐姐，我今年二十一岁了，再过一年多就毕业了。"

我说："你真勇敢，为什么想着去留学呢？"

他说自己本来是在吉大读书，读了一年，妈妈突然问他，要不要去留学啊。他点点头，而后就真的去了。

现在，他在日本待了三年，在语言学校学习了一年后，又考上了心仪的大学，学习建筑。

每天勤工俭学，还要读书。一天，他给我留言："姐姐，累得我站不住了。"

我问："你后悔吗？"

"不后悔，我现在不累成狗，以后就会活成狗。"

我问："你那么努力，以后想做什么呢？"

"好简单啊，在这边的郊区买一栋房子，娶一个老婆，养育三个孩子。再也不会分开，离别。孩子的以后也不用生活那么辛苦，我们一家人在一起好快乐。姐姐，我给你说的这些美好的东西，都是我生命中可能会出现的一面，当然也有可能会出现另一面糟糕的事情，但我必须一直往前走，为了可能变好的自己而去努力……"

烧麦说了很多，听得我很感动。尤其是最后那句话，为了可能变好的自己而去努力。

好多愿望，从一个成人口中说出来，会有些矫情，可是从一个二十多岁的年轻人口中说出来，会觉得一切都会顺其自然地实现。我觉得这一切都是真的，可能会实现的事情。有期待真好，为期待而活。

烧麦还说："姐姐，有时我好羡慕以前的同学，假期可以回家，想家了就可以见到家人。我只有努力，努力，再努力，一年才有一两次见到他们的机会。"

可能烧麦大学的岁月是紧张的、贫穷的，用他的话说，自己被生活和学习逼得没有一点缝隙或时间可以喘一口气，但我总觉得步履不停的努力会改变他对生活的态度。即使很辛苦，也要努力地走完所选择的路。闭上眼退缩或逃避，并不能绕过去考验，只因睁开眼后，那些弯路与挫折还在眼前。

3.

我突然读懂了每一个在城市中打拼的你我，我们都懂在这个繁华的城市扎根，难而又难，但我们只能一往直前，只为了那个可能变得更好的自己，可能更美好的明天。我们一次次重复着去做一件事，一次次承受失意的生活带给我们的挫败感，一次次感知内心的召唤以及心有余而力不足的无力感。但至少这些年，我们都成长了，不止有了铠甲，也有了内心最想保护的软肋。

回首当初刚刚来到这个城市的自己，一路的风雨兼程，都无法阻止我们的脚步。我时常想起最初的时候，一个同学在济南制药厂上班，说是想辞职来北京工作，却未想到只是挤了一次北京的地铁，就立刻吓到了，表达心声，再也不想来体验生活了。可勇敢的我们，还是留了下来,九年过去,她说敬佩我,我连连摇头,走过那段辛苦的路,突然连别人的敬意也不再想获得,只想脚踏实地的生活,只为平静,只为快乐。

4.

或许有人会问我,可能性有两个结果,一个是很糟糕的,一个是很好的。我们哪里知道结果,所以要不停地咨询身边的人,寻找一个最安全的选择。

仔细想一下,可能性是会让人敬畏的。未知的一切都会让人迷茫。假如最后的结果是坏的,随着时间、人群的改变,我们会接受这个结果。往往是悬而未决的事,更令人牵挂。

比如,我们花那么多钱去创业,万一失败了,我们只能自己找个土坑把自个儿埋了;我们报班去学习雅思,一两万的学费真是肉疼啊,谁知道能不能考过呢;不如去学习油画吧,可是学油画学费贵是一方面,更贵的是油画颜料,毕竟未来,我们谁也不想当油画家。

于是,更多的纠结都停留在了选择之前,一旦下定决心投入其中,却很少有人说后悔,毕竟人生只能往前走,谁也没有逆转时光的本领。即使有可以回到过去的路,可能我们还会把从前的错误再犯一次,从前的弯路再走一遍,之前的糊涂事再做一遍……

5.

突然之间觉得，若放弃了尝试，便不会再有新的人生。活着，就是不断地去尝试可能性，一遍遍超越过去的自己。

我们对生活最好的表白应该是，我曾手忙脚乱地爱过你，以后还会继续以这样的姿态爱你。即使我如此笨拙，也不会放弃爱你。

爱的能力就是，受伤了还敢继续爱

1.

去年冬天，前往哈尔滨做分享会，一个研究生问："你能不能给我们寻找人生伴侣提一些建议呢？我现在缺这个。"

我："冒昧地问下，你现在有女朋友吗？"

"还没有。"

"那你可以先试着找一个女朋友，好不好？去相处，去相爱，去相互伤害，然后，我相信我不告诉你如何寻找，你也能找到答案，这个答案是属于你自己的。唯一的，才有趣。"

大家都笑了，我也笑了。

我明白，这个男孩对这个答案并不满意，他的思维还陷在如何寻找人生伴侣这件事上。可我不能给他讲很多道理，然后说出来我期待的人生伴侣，并作为一个模板提供给他。

就像一个电影片段，一个男孩从十六岁情窦初开时，就幻想着自己会有一个怎样的爱人。他拿出白纸写上他期待的爱人，后来，他终于爱上了一个女孩，却悲哀地发现这个女孩和他期待的女孩完全不同。于是，他离开了所爱的人，并发誓要找到令自己终生不会后悔的女人，才肯结婚，遗憾的是，直到他孤独终老，他都没有忘记白纸上所写的爱人的模样……

因为每个人对爱的期待是不同的，想寻找的爱人也是不一样的。

男孩又告诉我，他之所以一直单身，是因为在爱情中受过一次伤害，他很想娶一个女孩，期待她等他一年，可她在等待的过程中，最终还是没有熬过一年，就匆匆嫁人了。他不懂一个大龄女青年的忧愁，就像她不懂他的浪漫情怀。

男孩对我说："我觉得生活中还是要带一点美好的憧憬吧。虽然这是现实的世界，我却期待，我们可以用希望来打败黑暗的部分。"

我说："你说得很对，但大多数男人承诺时自以为很帅，其实实现承诺时才是最帅的时候。女孩之所以离开，应该是没有感受到你行动的诚意吧。"

2.

在今年薛之谦的演唱会上，他为前妻深情地唱了《安和桥》。十年前，他曾答应自己的爱人要在演唱会上为她弹着吉他唱一首歌。今日，恰好十年。

他说："现场有一个人，她没和我联系过，但我想她应该来了，高磊鑫。"

"我一无所有时谢谢有你，聚光灯下我不再寻你，但我知道，你都有听。"

听到这里，我泪流满面，这才是我见到的最真诚的男人的爱情吧，当初，薛之谦与前妻离婚，曾在微博上写了一封离别的情书，并净身出户，自此一别两宽。前任也曾是对的人，即使分别，也有迫不得已的原因。

可能，我们都无法留住爱人离开的脚步，但能被爱人记住，无论多久，他还记得当初的承诺，这就是曾经的爱人能给予我们的最好的爱吧。

爱你的时候，我拼尽全力，后来发现不合适，我们自然分别，但我依然把自己最好的东西留给你，我还会继续实现自己的承诺。因为诺言与时光无关，这是我送给你，送给自己的仪式感。

《安和桥》里唱道："我知道那些夏天就像你一样回不来，我已不会再对谁满怀期待。我知道这个世界每天都有太多遗憾，所以你好，再见。"

在你和我分别后，不管曾经我们经历过什么，发生过什么，我曾想和你度过余生是真的，我离开的决心是真的，伤心也是真的。从此以后，我的心裂了一道缝隙，我怨恨过命运对你对我的安排，可今日，我终明白，这缝隙里有光，它日益温暖，它让我怀念曾经，怀念你。

这该有多好。我们并没有失去彼此，只是爱情不在了，但牵挂和爱真的还在。

3.

在爱中，最大的受伤并不是失恋，而是不敢。不敢付出，不敢承诺，不敢向前迈一步，不敢结婚。结婚后，不敢把房本车本上写上对方的名字，恋爱了，不敢把爱人的名字和照片公布于众。

我们情愿活在假想中，却不敢把真实的一面展现给众人。或许这个世界充满假象，但相爱离别时的痛苦不会说谎，但我们在一起的誓言不会说谎。

可后来，我们为什么不敢再去勇敢地爱一个人呢，难道真的只是因为受过伤？

真实的原因，或许是我们怕付出的感情落空，得不到相应的回报。毕竟坚不可摧的爱情，在可怖的现实面前，也会不堪一击。

4.

一个摄影师在很多城市流浪，拍了许多照片，我特别喜欢他个性签名的那句话——请叫我环游旅行体验师。我要去远行，去流浪，去遇见，去深爱，我愿为你流落他乡，我愿为你放下现实。

真的如他所愿，虽然一路穷游，但他真的坚持去做了这件事，走了很多地方，看了许多美景。他还兼职卖很多手工艺品，我每次都会买一件，一是为了资助他的旅行，二是为了纪念。

我想，让他启程的不是未来可以得到什么，而是这一刻他敢于为未来做一点改变。他是自由的，因为他不需要任何答案。

真实的生活中，每次遇见问题，我们都会急切地想得到一个回答，让我们的焦虑暂时得到缓解。可爱情中没有答案，时间无法告诉你结果，你得靠自己勇敢迈一步。

人性是自私的。随着成长，我们再难不计后果地去爱一个人，或全盘托出自己的爱。

爱，却需要不顾一切，需要不计代价。如果那旅程如你我所愿，一切皆是最好的安排，如果一切逆转，爱的这杯酒我干了，你随意，这就是我理解的，也是我能付出的爱。

5.

当你遇见一个可以不计一切后果去爱的人，那是一种幸运，也可能是一场灾难。

首先，你得敢于去爱，敢去接受，才能迎接这爱的幸运，或爱的灾难。

我们缺少的永远不是爱情，而是勇气。依如这个世界缺少的永远不是年轻，而是经历。

当你去爱，去受伤，去经历，自然会懂得什么才是你所需要的。

我有一个哥哥

从今年开始,突然之间,我和哥哥有了一些密切的联系。过节的时候,他也开始想起我,给我发很大的红包。偶尔会和我视频,让我看他家的房子,他的蛋糕店,他出差待的宾馆,他看到的美景。

要知道,很多年,很多年,我们都没有什么联系了。若有人问我,兄妹几人,我会不假思索地说:"就我一个啊!"

"独生子?"

"对啊!"

我几乎忘记了他的存在。除非我回到家,看到我妈妈肚子上的疤痕,我才想起来哥哥这个元凶。记得小时候,我们的感情还是很好的,我总是跟在他的后面,攀爬医院的墙,还记得隔壁家有一处炼制沥青的厂子，他顺利地沿着那个墙壁跑过去了，我跟在他身后，跑到一半，不敢跑了，大哭起来，他对我喊："你快过来啊，快过来，没事，哥哥等着你呢！"

我还是哭："我要掉下去了，真的掉下去了。"

"那你在这里等着我，我一定会回来。"

我清晰地记得那是上午十二点，太阳毒辣地炙烤着我，我流着汗，哭着，很害怕，几乎没了意识。

过了一会儿，哥哥带人来了，那些人爬到墙壁上，把我抱下来："啊，你这个小丫头，胆子那么大，你学学你哥哥，人男孩都不敢爬，你要知道，掉下去，下面是沥青，会没命的。"

我嗡嗡地哭，看着我哥，他使眼色让我保密。

我还记得有一次，我们去爬树，他呼呼地爬上去了，我爬不上去，他从树上滑下来，把我硬挺挺地推了上去，却未想到我下不来了。我坐在树上大哭。

他喊："喂，你跳下来，我接着你。"

我自然是不敢跳下。

"没事，相信你哥哥，再说了，你不跳下来，也没有人能救你啊。下来吧！"

他话未落音，我真的跳下来了，正好压在他身上，他哭得很伤心，因为太疼了。从此以后，他汲取教训，再也不喜欢带着我玩了，去任何地方也不会带我。我们从此以后，没有之前那么亲密了，再加上我也长大了，也不再喜欢跟男孩子一起疯。

记忆最深的是，哥哥特别臭美，他从初中开始每天都会给头发做造型，写情书，画各种画，一副标准的文艺男青年模样。我记得当时他喜欢上了我高中的一个好朋友，我却当面嘲讽了他："你怎么配和我的朋友恋爱呢！"

他冲着我打了我一拳，对，就是这一拳，从此以后，我基本躲着他走路，怨恨他。他也怨恨我，因为这一拳，我跑到父母那里去告状，爸爸狠狠地打了他一顿，他真是气不过。后来他去了部队当兵，我前往各个地方学画，读书，真的就这么走散了。

他结婚的时候，我还记得他在哭，我问他为什么哭，他说："好想让别人看得起自己，生活太多无能为力。"

我那时很小，不懂得这些话的涵义，但知道他一路走来很辛苦，他想过自己想要的生活，是个彻底的理想主义者。

其实他做事很认真，承诺过的话都会兑现，他也很善良，每次遇见街头乞讨的老人，他会热心到让老人等着自己去拿褥子送给他们。遇见流浪狗，一定会买香肠给它吃。我问他为什么，他总淡淡地说："我也吃过这种苦吧。"

但我记忆中他年轻时是很挥霍的，总是做一些让人意外的事。比如，死活都不愿意去爸爸安排的企业去工作，比如一个人前往新疆去做生意，比如他和太太结婚多年，没有孩子，而后突然之间离了婚。

我每次要关心他的婚姻，他都说："你先把自己嫁出去吧，你还是个小孩,不懂我们大人之间的事。"

记得有几年,他的日子特别难熬,卖过床单,摆过地摊,开过化妆品店,一个人跑到大西北,被骗了个精光。但就是潦倒的那几年,他好像刻意地想掩饰落魄,他来北京找我的时候,我问他想吃什么,他说要去你们这里最豪华的地方吃东西,不然人家肯定看不起我这个老板。买单的时候,他依然比我速度。

我把他送到火车站,给他点了一杯咖啡,他喝了一口,连说太苦,太苦,倒掉又觉得可惜,于是,跑到外面买了一瓶可乐,倒进咖啡里,喝了下去。

如今,他的生活越来越好,开了一家很豪华的蛋糕店,在两个城市分别买了房,娶了如意的太太,每天都生活得很舒心。他开始担心我,怕我嫁不出去,怕我太任性,怕我会没有未来。

他开始务实,每次找我聊天,耐心地分析我身上的缺点。

我不得不承认,哥哥是个极其聪明的人,很多事,我总也看不透,他却一语中的。更重要的是,我每次猜测很久都没有结果的事,他一眼就看到了结局。

我问他:"你怎么料事如神啊?老大。"

"吃过亏,吃过很多很多亏,走过弯路,走过很多很多弯路,吃过苦,吃过很多很多苦。自然就明白了其中的道理,你呀,总是太容易幻想,太像我年轻的时候。"

可他年轻的时候是怎样的，我记不清楚了。因为从高中我就背井离乡地前往外地学画，读书，工作，这么说来，他年轻的岁月我根本就没有参与过。我见证的只是他青春期的野蛮生长和迷茫。

现在，他再来北京看我，不会再装出阔绰的样子，只是简单地说："吃一碗拉面就行。"

他看到我买了很多衣服，突然很心疼："以后别这么花钱了，你真像我年轻的时候，把这钱攒下来，攒下来买房。我现在也有钱，但我不会乱花钱。因为佛家有语，因果啊，现在浪费的以后还会被惩罚。我有时不舍得买一双袜子，你看这件上衣穿了很多年呢。"

再看我的哥哥，行头简单，不像年轻时那么嚣张、浮夸，他变了，真的变化了许多，但看到这种变化，我突然觉得他年轻的人生已经结束了。他却不这么认为，因为他的理想是走遍全国各地，而且他真的一直在行走。

看着镜子中的我和哥哥，我不止一次地感慨，原来人真的会变，随着成长，你会变成一个自己也不认识的人，但最后的那个人是怎样的生活状态，取决于你对自己的要求和期待。我们会走到什么地方，遇见什么人，都不重要，最重要的是，自己想要变成什么样的人，想要到达怎样的远方。

你是那些岁月里，我生命中，最烈的一碗酒。我以为你会一直浪下去，一直玩世不恭，却不知道你终有一天会长大，会脱离幼稚的时光，会长成一个真切的大人。

小的时候，我一直责怪你不够真诚，长大以后我一直觉得你不够真实，现在却觉得你其实一直真实地存在着，我一直不能认可的，我一直逃避的，却以一种关爱我的方式向我走来。我们从来没有在一起经历过共同的苦难，承担共同的责任，父母太爱我们了，所以，我们一直在各自的世界里自由地翱翔。但总有一天，有那么一刻，血缘会把我们聚在一起。

我明白，再以后的时光，我们都会变成某一个陌生人，但我期待多年后，与你我握手言和的那个陌生人，恰恰是你是我都喜欢的样子，也是你是我一直期待到达的远方。

远方，从未遥远，就像明天，就在眼前。

泪点低的人更为幸福

一次，我去秦皇岛讲课，当我提问他们，什么事情最令自己感动？

顿时，整个操场爆炸了，所有的孩子都很踊跃，想回答这个问题。

最后排站起来一个脏兮兮的小男孩，他看起来有些羞涩，涨红了脸，他也吞吞吐吐："我从未见过我的妈妈，我很想知道她长什么样呢……"

"可是，老师问你的是，什么事情最令你感动呢？"一些孩子哄堂大笑。

小男孩低下了头，泪流满面，孩子们却笑得更夸张了。我立刻意识到，这是一个很少站起来回答问题的孩子，这一次，他一定鼓足了勇气，才在那么多人的笑声中没有落荒而逃。

班长站起来："老师，他就是一个爱哭鬼，特别爱哭。"

"对呀，对呀，天天哭鼻子。"年幼无知的孩子们，纷纷表达对他的不满。

我只好来到他身边："这位同学，请坐下，记住老师的话，流泪没有什么可羞耻的，这不过说明我们的心比他人更为柔软，更容易触动，所以你可以感受到的注定更多！"

我不知道坐下来的男孩是否能懂我的话，但他终于止住了泪水，却始终再也没有抬起头来。

其实，我是一个泪点很低的人，一件非常细小的感动，就会让我泪流满面。妈妈常常嘲笑我，说我眼泪不值钱，所以，我也常常会控制自己的情绪，以免轻易落泪。但事实上，只要稍微有丝丝感动的事情，比如悲伤的电视剧的一个片段，路边的一首歌，甚至他人说的一句令我感动的话，我的那些眼泪，就好像连着触觉发达的神经，瞬间打开闸门，忽然而至。

我一直觉得这是缺陷，也曾下定决心要改，要改。人生那么多艰难，我怎能老玩一不小心就崩了个溃的情绪游戏。我发现，泪点和感性是一对相亲相爱的好朋友，却往往会被理性吓跑。

于是，我曾特意训练过自己，止住眼泪，让悲伤滚一边去。后来，悲伤带着委屈滚远了，我依然无法收住自己的悲伤，那眼泪像是收不住闸门的水龙头，只需一丝碰触，就会哗啦啦地直流。我曾以为这是性格的缺陷，无法控制自己的情绪，自然就是一个可悲的失败者。

直到那次去北京电影学院看全世界大学生电影短片，最后谢幕，有一些导演来到舞台上，和台下的观众互动。

主持人问其中一个伊朗的导演："对于你来说，生命中最珍贵的时刻是？"

"泪流满面的时候！"

"好多人其实都排斥流泪的感觉吧？"

"我一直认为哭比笑更有内容，流泪是一种纪念，让你流泪的东西一定触动了你的心灵，或悲伤，或感动，或快乐，或轻松。流泪的方式也有很多种，默默地，号啕大哭，面带微笑却内心流泪。我们会为难忘的经历流泪，这真的很难得。"

"我可以流泪，但不想悲伤，怎么办？"主持人调皮地问。

"可是流泪并不是悲伤，它其实是释放情绪的一种表达。"

坐在台下的我，听到这位伊朗导演的话，倍受鼓舞，豁然开朗。我慢慢体会到，流泪是一种表达，它表达的不只是内心的感受，还有你对这件事情的理解，这段生活的感触。从那天开始，我再也不想刻意控制自己的情绪，遇见感触的事情，也学会对自己说，崩了个溃吧，也挺好，至少比一个人憋着要强吧？

还有一次，我去798找大学的一个老师，他是一个德高望重的艺术家，我顺着他的画室一步步向前走去，最终在一副画面前停下脚步。他笑："你品味挺好，那幅画也是我最喜欢的，也是我在最脆弱的时候画的。"

画中，一个女孩窝在一个橘子里，双手撑着下巴，垂着头，仿佛在思考，橘子的周围都是抽象的树叶，树叶中有音符流动。这幅画看上去很忧伤，但颜色清新，视觉暖意。

我问，这是什么时候画的呢？

"这其实是我的女儿，她根本没有来得及好好看看这个世界，就离开了我们。那年，我好像流光了这辈子的眼泪，我一直想象她去了一个地方，不能说了，不能说了，我只是太想念她了……"

老师挥挥手，眼泪顿时而出。这场景感染了我，我的眼泪也奔涌不止。

看过那么多画作，听过那么多故事，再也没有那一刻的动容，更令我难过。后来，每当我遇见一些糟糕的事情，难以跨越的路时，都会想到那幅画，那个女孩。

走在前行的路上，愈走愈远，马换了一匹又一匹，偶尔停下脚步，再回想过去，似乎能追随我们前行的只有自己，以及触动我们的那些珍贵时刻。

如今，我再也不会控制自己的眼泪，感性时，就让它默默地流吧，人生那么短，有多少时刻能够真实地面对自己。不如，就在这一刻，任由它挥洒情绪。

同时，我也固执地认为，泪点低的人更为幸福，他们更容易满足，容易被打动的人，也注定过得更圆满吧！

爱上了那个认真的人

1.

做文案的时候,我们也会聘请一些老师当外援,格外忙的时候,让老师们帮我们写稿。老师们水平参差不齐,一些老师的稿子要被反复修改,一些老师的稿子你得干脆重来。所以,每当忙的时候,遇见一个认真、负责,文笔又好的老师,真是一大幸事。

可惜一直与我合作的老师也很忙,她每次给我的稿子,格式一直是错误的,言辞之间也很啰嗦,所以,后期改得很痛苦。

大概是合作久了,所以我不会抱怨。直到一次,她实在太忙了,就推荐了一个年长的语文老师李老师给我写稿。据说这是他们学校的副校长,平时酷爱看书,家里藏书万卷。

因时间着急，我并没有在意李老师的背景。没一会，李老师就写好了稿子，传给我，他抱歉地说，时间太赶了，不然他会做得更好。

我匆匆看了一遍他写的文案，形式工整，文字简练，逻辑清晰，我一个字都不用修改，直接交给了总监，总监看了，连连说，写得真好，问下这个老师能不能帮我们写一些比较重要的稿件，稿费提升一下。

我把消息反馈给了李老师，也告诉了一直与我合作的老师。

一直与我们合作的老师立刻抱怨说，和你们合作那么久，你从未想过为我争取利益，李老师不过是和你有过一次合作，你们就这么隆重，真是醉了！

我没有立刻反驳，反而想起了自己的从前。

2.

那时候，我刚刚开始工作，是一家公司的配饰设计师。入职的时候，老板丢给我一张表格，一再警告我，一定要按照格式来填写表格，不然后期会很麻烦。

那时的我满身骄傲，怎可能处处听老板的安排，于是自顾自地做起来表格，并振振有词地告诉她："我会在心里默默地记住这些配饰的位置的，放心吧！"

老板一再警告，我却一直任性，表格最终是按照我的坚持来做的，很多备注的内容被标得乱七八糟，一些尺寸因为最初没有记好位置，也丢了配饰件数。

结果不想而知，我不得不重新做了表格和 PPT，中间浪费了很多时间。

我问老板："为何一个星期前不告诉我恶果？"

她绷着脸说："一直都在告诉你，可你并没有听啊！你总是喜欢忠于直觉，尽管那或许是错的。"

原来很多时候，我们根本看不到自己的弱点，当别人苦口婆心地告诉我们这个世界的规则时，我们也会视而不见，按照自己的错误方式一再吃亏，才会接受他人的建议，尽管那一开始就是对的。更可怕的是，一些人根本没有找到失败的原因，就把责任推到了别人身上。

我还记得后来来了一个很优秀的设计师，深得老板的喜欢。

于是，我和其他的同事都认为他不过是一个花言巧语的家伙，对此不屑一顾，很少去想自己和优秀的设计师之间的差距究竟是什么。

与他共事一段时间，我才发现，他平日里很少说话，但说话的时候一定是面带微笑，更可贵的是，他的图稿几乎没有什么错误，一遍就过。我们每次画图的时候，电脑面前摆着镜子、水果、零食，他的电脑桌上异常干净，仅有电脑、书和稿纸。我们画着图会吃东西或聊天，他却能够戴着耳机很投入地画图。他做任何事情都比我们更用心，老板开会说的话，他会悄悄记下来，工作一天会写总结，画图很快，错误很少，也很少加班。

慢慢地，我们也很喜欢他，喜欢他干净的笑容，认真的态度，还有他始终专注的眼神。之前，我一直以为优秀的人都是做大事的人，那些上市公司的 CEO，那些光鲜亮丽的明星，那时，我终于明白，而让人喜欢的人，其实就是愿意用心做事的人。他们更踏实，更可靠，速度更快，错误更少，其实这就是实实在在的优秀啊！

多年后，我再回想起最初做工作时的一些愚蠢的举动，真是面红耳赤，那时性格特别内向，遇见问题总是埋头苦干，很少去问身边更有经验的人，从不会关注规则，以为那是超级死板的东西。自以为做事很认真，但基本都是按照自己的方式去做事，很少去考虑他人真正的需求。

3.

所以，我才会爱上那个花店的女孩，她总能一下说出经常光顾的顾客喜欢的花，并能轻而易举地做出顾客喜欢的花的造型。我每次来到她的花店，她不仅会选花，还会告诉我们这些花的花语，以及如何养护它们。只可惜，她后来把花店盘给了另一个女孩，再去花店时，只看到新来的女孩埋头玩手机，于是，我再也没有光顾过那家花店。

大多数时候，我们会对一些人"一见钟情"，原因很简单，他们会在意你的感受，认真地倾听你的话，用心地关注你的喜好，他们做事的时候，更容易心无杂念，所以，他们会让人觉得很安全，交给他们去做一些事情，会很放心。

是啊，我们一眼就爱上了那个认真的人，他们用心做事，笑容干净，他们不会有太多的杂念，想着节省力气去投机取巧，他们比任何人都明白，去认真地做一件事的本身，就会节约时间和精力，去用心地倾听一个人的本身，就会赢得更多的友好和赞誉。

你是爱过谁的"段小姐"

看完电影《西游伏妖篇》,我又找来《西游降魔篇》重新看了一遍。伏妖篇也好看,但我更偏爱降魔篇。

喜欢星爷的电影,也一直认为他所有的电影都在探讨爱与情,男女之间、兄弟之间、亲人之间——你可以为我牺牲什么,我可以为你退步多少。你有多懂我,我就有多信任你。我们活在这世上,都是一样的辛苦,别说没有公平,在艰难、欺骗、生老病死面前,众生平等。

这两部电影可以探讨的点也有很多,此时,我只想写写自己喜欢的段小姐。因为星爷讲的故事,爱情是很重要的加分点。

降魔篇里,段小姐为了倒追唐僧,花费了很多力气,不惜找来整个寨子的人来玩了一场游戏，不过是为了让唐僧亲自己一下，承认他爱她。唐僧险些被骗到，但最后还是未能如段小姐所愿。

真是傻到让人心疼的姑娘啊！

可年轻的时候，我们都是这么傻。为了创造不期而遇，动用全部的智慧，可在清醒者的眼中，他一下就看穿了。我们像孩子一样任性地爱着一个人，做的所有事情，不过是为了吸引他的注意力，或者让他承认自己也爱着我们，可他依然冷若冰霜。

于是，段小姐们只能嘟着嘴抱怨，爱情一点不好玩，内心早已痛不欲生。

记得一个十五岁小女孩的妈妈加了我微博，感谢我，说她十五岁的女儿失恋了，她很痛苦，为了帮女儿走出失恋的阴影，她每天给她读我写的文。

那一刻，我还挺感慨，痛，常有，珍惜你痛的人，不常在。

小女孩也加了我好友，给我形容她的痛苦。年轻的女孩，为爱痛苦时，真是一个诗人啊，每一次感受都说得那么具体，比如看到阳光，却觉得全世界下雨，听到雨声，会想到花落了黄山半面。

看着小女孩或矫情或忧伤的情绪，我经常有种爱莫能助的感觉。我只好对她说，你还不懂爱情。

她却反问我，你懂吗？

我摇摇头，我有时候懂，大部分时候不懂。

比如?

比如我看段小姐追一个爱自己的人时,比如我和一个男人相恋时,比如我为了不伤害其他人,默默离开时。那一刻我是懂得,但过了那一刻,我好像又不懂了。

十五岁的小姑娘叹了口气,成熟地总结道:"爱是很玄妙的东西。"

你走过了青春,明明知道一些事情是错的,却依然无法阻挡她痛苦的爱。你理解她的脆弱,因为你也青春过,你也曾像一个孩子那般爱过一个人。对方的一句话,一个微笑,一个眼神,都能让你的内心来一次地震。

所以,身为寨主的段小姐才会拿着陈玄奘的《儿歌三百首》,对她的族人说:"我们是武功高强的驱魔人,这算不得什么,但他就凭一本儿歌敢闯江湖,这就是我爱他的地方。"

寨子里的人依然不理解。

她大声喊道:"这就是一个男人,他很勇敢!明白了吗?"

我们依然不明白。可爱一个人,本来就是不需要很多人都明白的事情。

看到孙悟空险些要杀陈玄奘,她立刻挡住:"在我面前欺负我的人,以为我是吃素的吗?"

即使她知道自己是斗不过孙悟空的,她还在心爱的人面前强装自己是有绝活的。

即使是她快要死掉了,还在问心爱的人是不是也曾爱过她。即使是她被悟空一巴掌打成了星辰灰烬，她依然跟随着陈玄奘取经的步伐。这爱，太真，太深，太美，所以，我们只能毁了它，让它成为一个男人的幻觉，成为星爷心中的痛点。

其实星爷擅长写悲剧，他所有的作品，都讲了一个美好且悲情的爱情故事。他比任何人都明白，笑过再哭，才记得最清楚。

我相信他是一个理想主义者，也是一个悲观主义者，就像一个忧伤的音乐家心中住了一个人，每一次写到爱情，哪怕是每一次梦醒，都与这个人有关，也并非噩梦，并非无法忘记，但这个人已成为他悲伤的源头。

所以，段小姐出现的镜头，柔情且打动人。在爱情中，最令人心生怜爱的莫过于女追男，漂亮的女子死命地追，男人动情，却选择放弃当下，为梦想，也为未来。毕竟，我们都爱过段小姐，也被段小姐爱过。

关于她的模样，我们早已记不清，她消失时，只是零星的星光，但就是这片温柔的星光，却可以璀璨万年。

因为我们的星爷已经放下了，他才写道："有过痛苦，方知众生痛苦，有过执着，放下执着，有过牵挂，了无牵挂。"

你是爱过谁的段小姐，又是被谁爱过的段小姐，真怀念我们都是段小姐的时光，明明一无所有，却单纯的期待未来会光芒万丈。

我爱这个世界，从尊重你的期待开始

一天晚上，家人的眉头受伤了，我带着他去石景山的整形医院缝针，据说那里的线特别好，医生的缝针技术也很棒。到医院时，已是凌晨一点，未曾想，走廊里坐着的居然都是大人抱着孩子们。

一个头上裹着纱布的小女孩哭丧着脸，显然哭过许久。她的妈妈还在一旁打击道："看你以后还乖不乖，你的额头会留疤，然后你得永远，永远带着这个疤痕来生活。"

"永远的意思是，一直，一直带着，对不对？"女孩用哭腔问道。

"当然是。"

女孩"哇哇"大哭起来。

我很心疼那个女孩，并没有谴责女孩妈妈的意思，只是觉得她太残忍了，不能那么着急把真相告诉一个还未动手术的小女孩。

这让我想起自己的小时候，远方的堂姑有两个女儿，都是我的姐姐。小姐姐生来敏感，总有种被优秀的大姐姐挤压的痛感，每次穿姐姐穿过的衣服，被爸爸训斥："你要向姐姐学习，你看你那么笨！"

小姐姐以为爸爸不喜欢自己，总问："妈妈，为什么别人家都是一个孩子，我却有个姐姐呢？"

妈妈干着家务活，头也不抬地回答："是啊，那是因为你是我从别人家抱来的啊！"

"那我究竟是谁家的孩子呢？"小姐姐问。

"在远方，有个舅舅，你是他家的女儿，你的亲爸爸在工商局上班，对了，你还有一个可爱的妹妹……你要好好学习啊，然后，你的爸爸和妹妹就会来到路口，来看你，还要接你回家。"

这本是远方的堂姑安慰女儿的话，小姐姐当真了。她每天傍晚都会快乐地跑到路口，不停地张望，期待亲生的爸爸和妹妹会来接她。可一年又一年过去了，她从小学等到初中，还是没有等来他们。

她慌忙地跑到妈妈身边问："他们过得好吗？"

"当然很好，你舅舅是个了不起的人物，你妹妹很爱画画，以后应该会成为一个画家。"

"那她为什么不来接我呢？"

"还没有到那个时间点，就是我们约定的时间。你读到好的高中，读了大学，他们自然就来与你相认了。"

小姐姐还是会走过那个路口，从一开始深信不疑妈妈口中的亲生父母和妹妹，到后来开始对他们失望，谁也不知道小姐姐究竟走过了怎样的少年时代。

她有个非常优秀的姐姐，属于不怎么读书和努力，都可以考到全班第一的那种，后来姐姐考上了中国人民大学的法律系。姐姐不仅优秀，还很骄傲，她似乎从不与那个看起来笨笨的还总生病的妹妹进行交流，不仅如此，她也对妈妈口中那个故事深信不疑，以此来证明自己的独一无二。是啊，我怎么可能有这么笨的妹妹！

小姐姐读到初中时，开始给我写信，寄照片，我也给她寄照片，写信。

小姐姐读到高中时，一次机会，她随着爸爸调动工作，从东北回到了山东，她坐着爸爸的车，走了很远，特意来看我们。

大抵是在城市里成长的女孩，看惯了美好的事物，生得也无比娇贵。

她穿着漂亮的马丁靴、连衣裙，戴着七彩的头箍，来到了我们小镇上的那条街，站在我们的身边。与她相比，我似乎有些寒酸，像个假小子，衣服也是暗淡的蓝。她似乎并不在意，抱着我，亲我，问我为何会给她写那么温柔的信，问我为什么这些年不去看她。同时，她还责备我的爸爸，怎么不去接她，看她。

我的爸爸只是笑，姑姑也笑，但彼此都没有揭穿这个暖意的谎言。

唯有姑父看到女儿哭了，便哄着她说："这个你也信，傻孩子，那都是妈妈骗你的，你就是我们亲生的女儿，舅舅有自己的女儿。你是我的乖女儿。"

简简单单的一句真话，就猝不及防地揭穿了两个女孩的盼望。

小姐姐看起来很失望，她低下了头，而我一直都是有些害羞，因为儿时的我太害羞了。但我相信，我们拥有共同的失望，就是这么多年的期待，其实不过是大人们编织的一个谎言。

我记得那个夜晚，月亮格外圆，我们把脚伸在同一个盆里洗脚。

她笑着对我说："嘿，看我们的脚终于放在一起了，这样，以后我们还会相见，会走一样的路。"

她随着父亲的工作调动回到了故乡，没到半年又回到了哈尔滨。离别时，她对我说，希望有机会我能去她家里看看，看看她等我们的路口。

羞涩的我一直点头，当时并没有当真。但总觉得小姐姐和初来时有些不同了，不如眼睛里再也没有那种激动与亲切，反而是陌生和冷静。

不过半年时间，小姐姐来到我们身边，见过几次，又要离开，我却觉得她长大了，变了许多。她的眼中没有了初次相见时的期待，如今更多的是客气与不自然。

后来，她读了高中，我读初中，偶尔还有信件来往。

再后来，她读了大学，我读了高中，她毕业了，我读了大学，我们再也没有任何交往了。我相信，很多人是慢慢走散的，或许这段记忆，这个小姐姐本来就是远方亲戚，小时候牵挂和期待的事情，也总会被淡忘。

但每次提到期待，我总会想起她的模样，她梳着齐肩的长发，高瘦的模样，好像还很乖巧。

但后来，又是什么让我们分别的呢？原来就是打破故事的真相。

如今，我也长成了大人，也到了为人父母的年纪。

有小朋友问我："我要怎样才能见到美人鱼呢？"

我都会说："是啊，我也期待见到它，下次，我带你去看大海，去海洋馆，我们去寻找她。"

"我找到她，应该对她说什么？"

"应该会彼此问好啊！"

总会有人打乱我们的对话："美人鱼根本不存在哈，都是故事，那是假的。"

那孩子的眼神暗了下来，她再也不会爱惜她的布娃娃，再也不会幻想去寻找美人鱼，因为有人已经告诉了她。她不过小小年纪，就知道了大人世界的真实和逻辑，未免太残忍了。

我也终于明白那个经典的电影，伊朗的小女孩问叔叔，她的爸爸妈妈去了哪里？

叔叔面无表情地说，死了，死掉了，就是再也见不到了。

女孩哇哇大哭，有人说，他们去了天堂。

叔叔却继续说，哪有什么天堂，即使有，也是我们再也看不到的人才会去的地方。

女孩哭了许久，终于擦干眼泪，再也不哭了。残忍的真相告诉她，这就是真实的人生，失去的已经失去了，她的父母再也不会回来，为她讲温柔的故事，亲吻她的脸庞。她要接受这无常，更要接受叔叔此时教给她的生活逻辑。他们离开了，她要学会坚强。

多年后，当小姐姐读到我的书时，她已是一个女孩的母亲，每天会为孩子读睡前故事，她找到我，感慨万千。她告诉我，那时的她渺小而自卑，她每天站在那个路口，等待她所谓的亲生父亲和妹妹，那就是她的希望。

或许亲近的人，就在我们身边的人，能够给予我们的温暖实在有限吧，即使是兄妹之间，父母也会反复比较，不能给予同样的爱。每个人都需要在另一个地方寻找到相知，并站在那个舞台上，轻歌曼舞。

所以，别毁了你给别人建造的童话城堡，也别急于告诉一个孩子所有的真相。他们会慢慢长大，会有自己的理解方式，你所给予的真相，或许是最残忍的途径。

我爱这个世界，因为你的期待，我爱你，所以尊重你的期待。

岁月是最好的手工匠人

毕业九年，这几日与和大学同学见面，我陪着她们穿过人山人海的南锣鼓巷，跑到前门吃了宰人不偿命的某知名烤鸭，又跑到东直门去看话剧，晚上前往美术馆看了展览……

一路下来，我的腿几乎断掉，再看看我的大学同学们，依然很兴奋，丝毫不觉得累。有可能是刚到一个地方的新鲜感，也有可能是我的身体素质没有她们的好吧。

把她们送到宾馆之后，她们突然感慨："你比之前的性格和脾气都好太多了，真像是换了一个人，环境改变人啊！"

我不知道这是不是赞美，但之前，我的性格的确特别急躁，每次遇见不如意的事情，我恨不得整个宿舍楼的同学都会知道。每次回忆大学时代，除了画画的时候很安静，我觉得大多数时候，我都是风风火火。再加上班里的男生很少，整个系不过六个男孩，却有四十四个女孩，所以，每次订购新书，我都是自己跑到新校区去提书。

或许是因为大学时特别壮硕吧，又在成都读书，那里美人如云，那段时间，被称呼为女汉子，我会觉得特别光荣。

工作以后，自己依然性格鲜明，敢爱敢恨，记得第一份工作是个配饰设计师，当时的女老板对设计师们要求特别高，穿高跟鞋、职业装，必须化妆，我还曾愤愤不平，有意地与之对抗。

一次，老板带我们去做一个高端别墅的设计，我们一一与那个看上去斯文而优雅的户主握手，老板问我们，握有钱人的手，是一种怎样的感觉？

那时自己是那么年轻，莽撞，回答得也很直接："就是比较软，其他没什么感觉。"

记得当时的老板说："软这个词用得好，等你们长大了，也会越来越软。"

我们都笑了："对，变成一个柔软的胖子。"

随着工作的时间越来越长，见的人也越来越多，我才慢慢明白，随着成长，我们的心会变得越来越柔软，越是性情中人，越是慈悲。真正的文艺者，她们都拥有含而不露的光彩和温柔的力量，他们比任何人都懂得，沉默必须让人听见，尖叫也可以是无声的。

我的男朋友恰好是一个脾气火爆的男人，每次遇见不顺心的事情，总是怒发冲冠，第一时间发火，又能立刻熄火，态度转变特别快。之前，我不明所以，情绪也会跟着他起伏，争吵不断。我的闺蜜小布丁的先生是个踢足球的运动员，每次喝酒之后，总觉得全世界他最大，经常一个人比画拳头，两个人也是经常吵架。

我和小布丁每次聚到一起，谈得最多的是如何整治和惩罚男人，让他们收敛，不再乱发脾气。我们探讨了很多年，都没有找出方法和结论，随着时间的推移，却发现他们慢慢体贴了很多，比如我的男朋友就总结了我的性格——能忍，可以受委屈，他觉得自己总在欺负我，以后发誓再也不会那么鲁莽。

前些日子，我们一起去看电影《美女和野兽》，看到那个被女巫诅咒的王子化身为野兽，所以脾气火爆。他总是从鼻子里喘着粗气，生气时，好像一口可以吞掉眼前人。当他把自己的书房打开时，我也和剧中的女主角一样，很惊讶，原来野兽也有另一面，幽默、潇洒、勇敢、胆小，或许在爱情中，发脾气不过是另一你种撒娇，或求饶。

野兽吃饭的时候，只能像个动物一样把整个脸趴在盘子上，吃了一顿饭，拱了一身的脏。若换作我们，肯定会立刻指出他的不对，与他大战三百回合，让他低头认错，并承认自己就是整洁，就是真理。

可女主角却没有那么做，她安安静静地坐在他身边，示意他拿起盘子去喝汤。野兽乖乖学着她的模样端起盘子，居然真的绅士起来。

那一刻，我也悟出一个道理，当意识到别人做得不对的时候，其实可以慢下来，用自己的行动告诉对方什么是对的。一味的指责和批判，只会让两个人越来越远。岁月会让我们越来越慈悲，越来越温柔。

年轻的时候，若你和我一样，风风火火，急躁不安，也不要着急，或想着改变，岁月是最好的手工匠人，它仔细地打磨每一个人，虽然最初我们拥有不同的灵魂，但到了最后，却会发现，夕阳是那么美，广场上晒太阳的老人也是同样的温柔与安静。

早晨，我乘坐地铁前往公司的路上，总会听到一些年轻人，用很大的声音给对方交流，或口阔噪粗地打电话，我都会觉得很恐慌。但我明白，总有一天，他们会学会安静下来，真正能打动我们的力量，绝不是空而大的口号，反而是细微却有力量的行动，就像我面前坐着的那位安静地织打毛衣的盲人一样，手指洁白，手法娴熟。

一个特别张扬的年轻的朋友用羡慕的语气对我说，以后她想成为怎样的女人，怕我不能想象，她特意拿出来一张照片，指给我看。我看到照片上的女孩一身蓝衣，淡如云烟，眼神满是温柔，身后是高高的书，说实话，我也很羡慕。

但我知道，每一个人身上的气质都流淌着他们所读过的书，看过的风景，走过的路，那些有阅历的人身上所涌动的力量都包含着他们所走过的困惑，所错过的遗憾，所理解的人生。

一些东西即使羡慕也得不来，也不会凭空属于我们，因为我们还没有趟过那条属于自己的河流。

不要着急，我们都会变得越来越慈悲，越来越温柔，越来越像想象中的自己。

不要着急，请继续踏实努力，朝着目标一点点前进，你想要的岁月都会给你。

我们都知道，你爱的人，飞跃天涯，爱你的人，安静地等你回家。

但愿岁月让我们成为那个安静的人，也遇见一个安静的等待着我们的人。

远离过度消费我们的人

1.

秋澈说,自从三十岁生日那天开始,她突然不知道什么是爱情了。大概由于很缺爱,缺乏安全感,就拼命地期待别人能多爱自己一点。哪怕一点爱,都能被点燃。

她感慨这些时,我是有些心疼她。毕竟这个下午,是她来向我咨询问题。多年来,严格意义上来讲,她才是我的智囊团。

她有一个男朋友在美国读书,据说是名校。男朋友好像很爱她,每个月都会回来看她,她自然是兴高采烈。可时间久了,却也发现问题不对劲。比如男友回来时,会告知她,自己资金短缺,能不能帮他买一张返程票,把钱打给他。第一次,秋澈欣然同意,第二次,第三次,第 N 次,秋澈也有资金短缺时，但只要男友有求，她必应。

假如真是偶尔寄一张车票钱就算了，男友居然大言不惭地提出，说自己欠了钱，期待秋澈一起帮着还。他说得声泪俱下，她听得很是可怜，只好点头答应。

她问，你一个学生，怎么会欠那么多钱？

他说，是啊，我和前女友之前一起投资做股票，赔了许多钱。

她不再作声。

晚上，她给他发了一段话，大致的意思如下："很多时候，我容易迷失，但金钱不会。我不知道爱是什么，但我好像没有能力继续支付这段爱情了。请原谅我也是一个人漂泊在这个城市，居无定所，并不能再继续资助你做任何事。"

说罢，男友那边沉默许久才回道："你说得这样直接，真伤我心。"

秋澈问我："为什么我觉得我才是真正的伤心人？"

"那是因为你对这段感情投资更多。无论是精力、金钱，你都透支了自己的极限。"

有人认为爱情就是彼此分担压力，共同承受痛苦，但分担是有底线和原则的，分担的程度、分量，可能会压垮你的爱人。

2.

当我们爱一个人时，和他说起钱，总会不好提出口。但我坚信一件事,当你爱一个人时,一定不忍心他为你承担压力。我们会默默处理好自己的事情,默默地承担。

虽然有人说,两个人相爱,就是要一起来面对世界的种种。我却依然觉得彼此还是要有界限,也就是不能逾越的地方。成人的世界没有容易二字,自己被压力所累时,这种辛苦让别人去承担,于心何忍呢?

小布丁给我讲过一个结婚的段子。当她终于下定决心要和男友结婚,并领了结婚证时,男友却告诉她:"我妈妈这个人爱赌博,现在欠了很多钱,我得拿咱们的结婚证和身份证去做抵押贷款。"

小布丁立刻反对:"那可不行,你拿自己的身份证去吧。"

"可人家需要咱俩的身份证和结婚证才肯贷款。"

"我们才刚刚拿了结婚证,我就要背负这么大的债务,当我决定要和你结婚时,是奔着美好的生活而来,不是为了一起帮你去处理烂摊子啊!"

不欢而散。

幸好,她的先生终于想明白,及时道歉,才挽留住小布丁的心。

真的,别透支爱人太多精力,太多金钱,他们会累。也别太多要求,觉得一切都是理所当然,懂得适可而止,也要学会角色互换。

3.

人最怕的莫过于失衡。我们生而不平等,你奔跑的终点,可能只是别人的起跑线。

我们看最火爆的电视剧《欢乐颂》中,蒋欣所扮演的樊胜美因家境被家人拖累，一直活得很累。身边的朋友虽然会帮着她出主意，脱离家人的控制，但烂摊子还是要她一个人收拾。这也是她现实又脆弱的原因吧。

没有人会替她承担，她只能孤独而往。所以，她把希望寄托在自己的男朋友王柏川身上，期待他去赚更多的钱，拥有更多的能力，来帮助自己实现在上海定居的梦想。男友创业失败，第一时间想的不是寻找问题的根源，而是和她说分手，原因就是累到了一定的极限。

因为她对他爱的索取，就像樊家以血缘要挟像她索求一样，无度又不自知。压力就像弹簧，当筹码高到一定的刻度，总有一个人会先走。

4.

曾在微博上看到一句话，说大部分人喜欢你，不过就是普普通通的喜欢。摸一下你的叶子，亲亲你的花朵。如果此时你连因受伤而盘错在一起的根部都要拿给他看，并告诉他这才是你本来的模样，恳求他收下并包容你的所有。肯定会吓跑他。

因为我们想要在爱情中获得尊重，就必须十分强大，如果不强大，内心将永远焦虑。没有爱情的时候，焦虑自己无法在合适的年纪嫁给如意郎君，拥有爱情时，担忧自己和他未来无法拥有较好的物质生活。与其担忧这些，不如自己强大起来。总是弯着腰，逐渐会变得不重要，别人只会习惯你的低姿态。

我总是对自己说，成熟，就是学着不再表达，当有一天我能克制住自己，才算是真正的成长。总有一天，我们都会明白，真正的失望不过是，不管你做什么，都和我没有关系了。

　　我总是那么想，你得远离那些消耗你的人，只有如此，你才能走得更快。你要哭着长大，并笑着回望过去，你不要处处迁就别人，委曲求全，你要成为独特的自己，并非伪装成一个完美的人。

正面的争吵,是一种亲密的交流

去年听到的最让人哭笑不得的段子,莫过于小布丁告诉我的。

她的朋友闫瑞是一个非常棒的心理咨询师,每次她遇见问题,都会找到闫瑞,热心而专业的他总能找到合适的方法,让小布丁找到解决问题的出口。有时,我遇见了一些问题,也会找闫瑞。在我们这些人心中,他就是神一般的传说。

可是,神也有烦恼。比如他解决了许多人的心理问题,却悲伤地发现一件令他沮丧的事情,他交往三年的女友最近行为举止异常奇怪,怎么都联系不上,他很担心她,她却不让他靠近。

为此,他特意找到女友的母亲,在她支支吾吾地回答中,他的职业化告诉了他一个现实,原来女友是有抑郁症的,她平常服用的药不是维生素,而是抑郁药,之所以最近有些反常,是因为最近没有按时吃药。

不仅如此，女友的母亲敞开心扉和闫瑞交流，他才意识到，真正的问题是自己从来没有认真听过女友的倾诉，想来也是，每次遇见问题，果然都是他说，她听。她反抗，他就压制。

闫瑞恍然大悟。他心痛不已，用悲哀地语气给我们诉说："真是想不到，我治疗那么多病人，原来最需要治疗的那个人，居然是我心爱的姑娘。"

小布丁忙说："别着急，慢慢治愈她。"

闫瑞说："这姑娘自从发现我知道她的秘密，铁了心要与我分手，我怎么都无法联系上她。"

我们都觉得奇怪，闫瑞是心理咨询师，他很懂女人，为什么居然没有发现最爱的人居然是重度抑郁症患者。

"大概是太了解人的内心了，太会讲道理，分析道理，反而惹到了她。"

我和小布丁异口同声地说："所以有时不要太理性，尤其是对你身边最亲近的那一位。"

每次闫瑞回到家，他们相处的画面是这样的：

他做了一天的心理咨询，她做了一天的美容导购，都很累，他们的职业都需要多说话，回到家里，两个人很少交流。他躺在沙发上玩游戏，她就在浴缸里泡澡，直到睡着，两个人基本上没有什么交流……

周末或休息的时候，每当女友闹情绪，他就会一堆分析，从情绪管理、自我控制、原生家庭到性格缺陷，他说得头头是道，自以为她听得很认真。其实，她早已不耐烦。

"千万别给我装了，有本事就和我吵架。"这是女友留给他的最后一句话。

他反复思考，问我们原因："为什么最亲近的人会距离我们最远，我们以为赢得整个世界，不过是为了讨她欢心，却一点点丢掉了她，那么赢得全世界的意义又为哪般。"

其实，我们辛辛苦苦地工作，旁人羡慕的光鲜似乎都是闪耀给他人看的谎言，真实的人生永远是惨淡的，孤独的，甚至是不堪的，而这一切只有身边那个最亲近的人才能看到这一面。我们永远会选择把最好的状态留给了世界，却把最糟糕的情绪留给身边的人。

当身边的人试图表达愤怒，她不过想要一场平等的交流。所以，我们才会说一个女人任性，不懂道理，事实却是她想要和你吵架时，你却扮演成一位心理导师，难免让她觉得自己只是你的一个患者，而不是爱人。

我们需要的永远不是专家，只是一个爱人，可以和自己讨论柴米油盐，生活琐事，而不是爱人披上伪装的外衣，企图说服自己。

当一个女人试着和男人去吵架，说明她本质上是渴望与男人恢复亲密关系的，但大多数男人都会像闫瑞一样，要么拒绝交流，要么会理性地从道德的制高点上批判，说教或指责对方，这种方式其实就是在向对方说："你得听我的，交流在我这里没有意义。"

我们遇见过很多人，都属于表面上的和平者，内心却隐藏着一座即将爆发的火山。我的妈妈就是一个典型。她时常教导我:"你得学会忍,忍让。"

她果真忍了一辈子,却从未想过,这种忍让多半是没有意义的,因为没有人会在意你是否忍让,多数人还是蛮期待你能心平气和地和他们聊聊天,甚至吵架,只要把问题弄清楚就好。

我的父母都属于压抑派,擅长冷战,从不吵架,表面和平,内心早已火山爆发,这种性格也遗传给了我,多年后,我也成为了一个习惯忍着、憋着的女孩。我不擅长与人争吵,并以此作为一种美德。

在工作中,每当有人持有不同的意见,我都会退步,即使我的方案比对方优秀。

主管忍不住对我发火:"你要学会表达,不要舍身其外,此时的争吵是表明你的工作态度,你对自己意见的坚持,你对自己成绩的认可。敢于说出自己的意见,并坚持自己的想法,你要勇敢,这说明你参与并感受了这件事。"

而我也终于明白,不敢争吵的人其实是不自信或逃避的表现,即使闫瑞在专业上很认真,他依然是个失败者,他想用专业的口吻说服女友,逃避陪伴和责任。他想要的结果是掌控,而不是沟通。

若有一日,一个人不再与你争执,说明他不再投入感情与热情,当累到一定的程度,他自然会离开。因为逃避问题,会疏远彼此的感情,正面的争吵,反而会让彼此亲密的交流。

把生活当做一场弹性的场地

特别喜欢钢琴家肖邦的钢琴曲,这几日特意去看了肖邦的传记,颇多感慨。

肖邦一生未婚,直至死亡都没有孩子。他从波兰奔走到巴黎,后定居在巴黎。他与大他六岁的乔治·桑有着一段长达九年的爱情,最终,两个人和平分手。肖邦结束这段爱情后,他的才华好像不复存在,而在他们恋爱期间,恰是肖邦创作的黄金期。

而后,乔治·桑把他们的故事写成了一本书《马洛卡岛上的冬天》,我也一直在寻找这本书,它就是打开肖邦内心世界最好的钥匙。我相信乔治·桑知道他所有的秘密,以及孤独和恐惧。

初次见面时,肖邦并不觉得乔治·桑多么吸引自己的目光,后来,她对他却有着致命的吸引,她的潇洒,她眼神的不屑,她对世俗生活的完美接纳，都让肖邦深深着迷。在这段长达九年的爱情中，肖邦的创作才华达到了最好的状态。但他们的性格迥异，再加上家庭矛盾，两个艺术家最终分开了。

肖邦三十九岁时因肺炎去世，被葬在了巴黎，他的坟墓里洒了一把从波兰带来的泥土。按照他的遗愿，他的心脏被带到了波兰，以表明他对生他养他的那片土地的热爱，或者是代表了一种灵魂的回归吧！

看到这里，我突然觉得这个故事和《月亮和六便士》里的思特里克兰德有着某种相似，比如思特里克兰德和肖邦都是从一个地方来到了巴黎，在这里，他们都生活了很多年。

毛姆写道：“有时候一个人偶然到了一个地方，会神秘地感觉到这正是自己栖身之所，是他一直在寻找的家园。于是他就在这些从未寓目的景物里，从不相识的人群中定居下来，到好像这里的一切都是他从小就熟稔的一样。他在这里终于找到了宁静。”

这段话其实特别触动我的心。艺术家都有着旁人无法理解的孤独，他们是理想主义者，心从不曾在地上落脚，所以灵魂一直在流浪。

伟大的艺术家，他们孤独自傲，且大男子主义。他们总喜欢把世界定义为自己想要的模样，最好一切都按照自己预演的节奏来，不管外面的世界如何改变。

他们就像毛姆所写的那样："世界上只有少数人能够最终达到自己的理想。我们的生活很单纯，很简朴。我们并不野心勃勃，如果说我们也有骄傲的话，那是因为在想到通过双手获得的劳动成果时的骄傲。我们对别人既不嫉妒，更不怀恨。"

我把这样的人归为没有弹性的人。

他们不容许自己的世界被任何人改变，只期待所有的东西都固定在他们触手可及的地方。所有的东西都不可更改，一切都在他的掌控范围内。

可这个世界并不会一直围绕着他们的光芒而旋转。所以，他们才更容易被伤害，被抛弃，被离开。敏感成全了这些性格鲜明的艺术家，也毁了他们的现实生活。

可肖邦为何会留在巴黎？

除了他的父亲是法国人外，我更觉得他在这里找到了归属感，找到了根的所在，这个城市一直用热情的怀抱拥抱着他，给了他无限的接纳，美好爱情，以及真诚的友谊。

在巴黎，他得到了当红钢琴家李斯特先生的无私帮助。在一次李斯特的钢琴演奏会上，按照惯例，演奏会的灯灭了，李斯特悄无声息地离开了演奏会，换成了肖邦来演奏，待灯光亮起来，人们看到了演奏钢琴曲的并不是李斯特，而是肖邦，于是，众人一起站立鼓掌，且欢呼。

肖邦就此一举成名。成功来得似乎特别容易，所以肖邦后来并不在意自己的钢琴事业，爱情反而占据了他的心，日夜陪伴他的孤独，也折磨着他的占有欲。

我们再来看《月亮和六便士》里的思特里克兰德，在他绘画的路上，并没有这样的好运气。当然，对于这个偏执的人来说，即使有这样的好运气，他也不会刻意去赢取。

他并不想靠画画去赚钱，去营生，他只是爱着画画，爱着自己的天赋。他后来遇见了一个懂他的女人爱塔，肯陪伴着他，但这种懂似乎来得太迟，虽然毛姆一直强调，是这个女人成全了思特里克兰德，我依然认为他是不需要成全的，他只是孤独。爱是彼此成全，请别互相折磨，如果我们做不到成全，也请做好放开的准备，虽然这很难，但这是每个人都必走的路，总有一天，你会感谢此时的不纠缠。

我不知道现实生活中的我们，读到这样的艺术家，内心会有怎样的触动。毕竟，我们活在现实生活中，过于理想化的生活，对普通人来说，或许是一场灾难。但对于艺术家来说，却是一种成全。

人生的路上，我们都是闭着眼睛舞蹈的舞者。尽情跳吧，人生能跳好一首舞曲也就够了。

不要让自己心存遗憾，不要等老了没有回忆就好。毕竟好看的皮囊千篇一律，有趣的灵魂万里挑一。

所以，我更喜欢我们可以把生活当做一场弹性的场地，不要苛求一切都必须固定成一种模式，接纳一些可变的现实，不要求每个人都来理解自己，学会照顾他人的情绪。而这，永远是肖邦等艺术家学不会的生活绝技。

请别以对我好的名义惩罚我

我最怕的是惩罚，惩罚，却无处不在。

记忆最深的是一个暴脾气的中学数学老师，我第二次写错她要求修改的作业时，她愤怒地用课本敲打我的头，并惩罚我整整一个月站在门口听课。其实，这样的举动并没有帮到我好好学数学，反而让我厌烦。虽然课下，她总语重心长地说，一切都是为我好，站着听课会记得更认真，我却再也不想学数学了。后来，我选择去学绘画，借此来逃避数学科目，毕竟美术类的学生高考时不用加数学分。

直到今日，公司教师节送贺卡，我也想送她一张，但在写她名字的时候，不知为何，有些心伤，往事如梗，难免还是有点介怀。

我更怕的是来自亲近的人的惩罚，这惩罚就像在割心。

还记得闺蜜一次刻骨铭心的爱情，他们彼此深爱，即将结婚。他对她的一些恶习深恶痛绝，平日里却又绝口不提。在一次争吵中，他提出了分手，让她立刻搬走。当她整理和打包好一切，与他道别时，他又求她不要离开，说他的决定和道别不过是想惩罚她，看看她会不会辞掉总在出差的工作，改掉他看不惯她的一些习惯……

假如她愿意听他的话，他会加倍对她好，甚至愿意娶她。

闺蜜却说，她却怕极了这种惩罚，就像匆匆给你一记耳光，你来不及暴跳如雷，他又转身给你一个温暖的拥抱。可她毅然转身，不是不需要这怀抱，而是一个在冷雨中奔跑后的人，只想安静地洗个热水澡，已不想把内心的冰凉传达。

若你爱我，对不满，交流与沟通就能解决的问题，为何非要等到惩罚未成时，再来对我示弱呢！

据说，小孩子生气后，会立刻亲手毁掉他搭建的积木城堡，看着最心爱的东西毁掉在眼前，他才能解气，而后释然，获得安静。可我们不再是孩子了，亲手毁掉的东西也不再是积木城堡。积木全部毁掉，还可以重新搭建，一个人与另一个人的情感一旦被摧毁，会丧失亲密，也会丢掉信任。

惩罚的故事，每天都在媒体上曝光。就像那个销售总监因业绩没有完成，被领导惩罚吃苦瓜，她在前面吃，领导在一旁说："看呢，这就是没有完成销售量的代价。"

下属看着她无力地啃着苦瓜，面面相觑，生怕下一个会轮到自己。毕竟公司有规定，如果一次性吃不掉苦瓜或中途吐掉，就要重新再吃一根。

销售总监啃完苦瓜后，申请辞职。

领导不解："我是为你好，你却不懂我。"

"可我不需要这样的好，我只想安安静静地工作，不用每天高喊口号跳您编的励志操，不用提心吊胆地时时刻刻想着业绩，不用在众人面前吃苦瓜，我平生最讨厌吃的就是苦瓜……虽然我知道它降血脂降血压，什么都好，但我真的吃不下！"

领导看着她离去的背影，并无感伤，因为她不懂他的期待，就像他看不到她的悲伤。惩罚者大多都觉得自我"习得性无助"，想控制整个局面为真，真会真的为被惩罚者着想。成长后，我们的生活变得越来越简单，抓不住的东西如火车外流动的风景，只能欣赏，无法靠前。所以，我们格外珍惜生命中可以留下的人或事物。

在这人间，我们都是赶路人，渴望的不过是温暖、光芒，绝非冰冷与责骂。

大多数问题都可以通过交流来解决，我们却习惯以发泄情绪的方式来与彼此过招。

所以,请别以爱的名义惩罚我,尤其是我还爱着你,对你有期待的时刻。

请别以爱的名义惩罚我,尤其我信任你,且只有你的时刻。

人，暖一点好

我的发小怀二胎了，我还没来得及为这个喜讯兴奋，她就哭丧着脸说，她的先生又家暴她了，这次还算幸运，他知道她怀孕，并没有打她的肚子，而是打了她的脸、四肢。所以，她现在脸肿了，胳膊上有淤血，去医院检查了，宝宝没事……

我听着她的哭声，不仅想起前段时间，也是这样的经历。

她的先生有些暴力倾向，尤其喝醉酒，一言不合就会动手。

闹分居、闹离婚，好多事情她都做过，但最终还是没有抵过先生的哀求，他总是一边做错事一边道歉，一边打人一边流泪。

事实上发小的先生是个很孤僻的人，也很冷漠，颇有江湖老大的感觉。他爱她的时刻，全世界都为她绽放美丽的花朵，当他不爱她的时候，全世界瞬间就黯淡了。她感受过他极致的好，也感受过他极致的恶。

每次受伤时，她会喃喃地说："他是个好人，就是脾气大，总发火。"

我见过她先生的父母亲，父亲就是特别喜欢发火的人，性情暴躁，每次聊天，特别喜欢和儿子争论，又争论不出一个究竟，反而大动干戈地吵骂。

我们因此提醒过发小，但她不为所动，依然笑着说："我爱的人，只要他爱我就够了。"

这句话，其实我早在微博上也看到一位不惑之年的女明星写过它，大致的意思是，我根本不在意我爱的人对其他人的态度怎么样，只要他对我好就够了，我也不在乎别人对他的评价，只要我觉得对就好了。

这句话听起来好像是对的，也说明这个女人是任性的，是豁达的，或者在一些人心中会收获掌声和支持。我却觉得不是这样的，真正好的爱人，一定是暖的，是看上去就很舒服，性情如玉，自然会渗透肌肤，表现在脸上，流转在身上，举止之间能感受到他的情怀，言辞之间也能感受他的真诚满满。

他一定不是暴躁不安的，站在人群中，他是安静的，有修养的，至少不会看上去像随时准备与人大干一场。

我一直很喜欢性冷淡风格，后来又喜欢那种冷漠到拒人千里之外的男人。回想起前三十年自己爱情失败的原因，多半是特别容易爱恋那种冷冷酷酷的男人。却不知道，那些冷淡的男人，内心多半也是热情的，只是他们想暖的人不是我。

我却很执着，一直坚持喜欢他们，哪怕被拒绝，被伤害，我也一一追赶上来，一定要问个究竟，却不知道很多事情本来就是问不明白的。

之后遇见了很爱我的男生，很阳光自在，对我很好，对我的亲人更是上心。

每次聚会，他都会提前准备，给我们拍照，为我们打点一切，把每个人都照顾得很到位，深得我家人的喜欢。看着他围绕着我们家人忙碌的样子，我也很自豪，很开心，因为他真的有把我的家当成他的家，并在这里找到了归属感。

他在生活中也是一个暖男，很热心，善良，比我还要感性、冲动。每次看到感人的桥段，有时还会落泪，我经常取笑他太心软，他却觉得这是优点。

在他追求我的过程中，我一直徘徊不定，不知我是否答应。毕竟我们的认识很巧合，我没有足够的把握去了解他。或许当时刚刚结束了一段感情，我对所有的爱情开启了自动免疫，自然排斥他。他却耐心地等待我，陪伴着我。每次我出差回京，他都会来接我，直到一个下雨的夜晚，他来接我，还特意为我准备了一身衣服和雨伞，我才下定决心要和他在一起。

之前纠结那么久，总是迟迟下不了的决定，原来在一瞬间就落地了，甚至没有回音。那么干脆，那么直接。

他并不是一个中央空调，暖很多人，但他也不是一个我想征服的冷酷男人，或许是少女时代看小说太多了，总以为自己所倾慕的男人是很多女人都喜欢的"霸道总裁"，而他却唯独偏爱我。"霸道总裁"每天冷漠地走在她们身边，只对我露出温暖的笑容。经历得多了，我才明白，最初的设想不过是意淫，那种冷酷无情却只对一个女人好的男人也有，一定是童话里的王子吧。

我似乎明白了一个道理，在爱情中，对我们好的人，在生活中也多半是一个暖男，他愿意花时间和精力去陪伴身边的人，他的善良，他的责任感，也不允许他去伤害任何人。

随着成长，为什么我只愿爱那个看起来温暖而阳光的人呢？记得年轻时，我最爱面带故事感的男人，那种神秘而冷酷的气质就像一针兴奋剂。

我想多半是因为他对世界有一个温暖的态度吧。一个暖的人，一定不止对你好，他也会对身边的人好。

暖一点的人，脾气性情自然是温和的，他们不会因为一句话就暴起，做事有分寸。一个暖的人，根本不用你来评价，众人就已经将赞美说到你们的耳边。

拥有一样东西并不难，难的是一直拥有着

我的工作搭档一郎再也不会给北京添堵了，火车带走了他，他将前往一个陌生的城市，去照顾那个爱他的女孩。据说那个女孩身体不好，具体得了什么病，他也是迷迷糊糊。

从年前一直聚到现在，吃了五顿火锅，我终于按捺不住："你再不走，我可就辞职走了。"

上午还在开玩笑说这些事，下午，他就真的要走了，而且走得很"壮烈"，很多人都不知道他为何辞职，但大家好像都挺不舍得他，一起来送他。

"你丫，等我辞职的时候，我就默默地走，哪像你，人畜皆知。"

大家听完我说这句话后，都笑了，但我们内心都蛮伤感的。

以前总是说，同事都是饭搭子，同事之间没有真感情，我却觉得假如你愿意拿一颗真心对别人，肯定会遇见不一样的真情。毕竟同事是距离你生活最近的人，也是最鲜活的。

晚上，我、一郎、索索聚在一起吃火锅，我们不停地去拿店家免费赠送的西瓜，一不小心拿了七盘，都被我们吃得干干净净。我们一边吃，一边三八，想打听他真实的下落。

"你丢了工作，丢了一切，去照顾她，可是你爱她吗？"

"我不知道，但她爱我就够了，余生太短，一些事情趁现在不做，就只留下遗憾。"

索索招手："服务员，拿一瓶白酒。然后，我再给你说说什么是爱情。"

酒到了，关于爱情，索索其实也讲不明白，当然，我也讲不明白。

我只觉得，某一个时刻，我似乎老了。并不是脸上长了皱纹的衰老，而是对世俗生活的接纳，以及对纯情爱情的抵触。我似乎再也不赞同，为了莫须有的东西，去牺牲一个人的前程，我真的觉得所有和爱情有关的事情，都要锦上添花，而并非雪中送炭。

可我善良的朋友真的要走了，前往一个陌生的城市，带着他也没有想明白的问题，去赴约一场爱情。若我是那个女孩，本带着期待，以为这是爱情，却从未想过这是一次同情的相助，内心应该也会抵触这样的缘分。

我说："难道男人不是第一眼就决定一个女孩是他所爱，还是朋友吗?"

一郎说:"当然是,但也有例外啊!"

我问一郎:"你为何觉得那女孩会爱你呢?"

他说:"她在我面前流泪啊,我最受不了女孩哭……"

一旁的索索说:"哎呀,我天天哭,也没见你爱上我。"

仔细想想,真是如此,男人有泪不轻弹,但对女人来说,眼泪就是浑然天成的武器。一个恋爱过二十多次的漂亮女孩就曾神秘地对我说:"假如你做错了事,假如你觉得他不可能原谅,假如你想让他为你做任何事,假如……流泪就好了。"

MD,终于找到症结了!

昨天,我的编辑许老师还给我说:"每个人都有自己无法解决的问题啊,没有什么刀枪不入,年轻的时候,我总是白天逞强,一副死皮赖脸的模样,晚上却一个人在被窝里流泪。现在,除了买房那一年,我有些失眠,真哭不出来,有那点儿时间,还不如好好想想图书选题……"

看看,好女孩都喜欢放走他人,为难自己。

可我们真正的爱情在哪里,我们一脸认真,满心诚恳寻找的爱究竟是什么呢?

我个人认为,它应该是一种吸引力吧,知乎上有个回答正中我心:"所谓吸引力,就是有一样东西没有也可以,但有就更好了,而正好对方就能提供这样东西。"

我突然觉得瞬间的心动，或许是你流泪，我就想拥抱你的瞬间，也或许是我为了照顾你去舍弃一切的冲动，而长久的爱却是，我们彼此的需要和吸引，我不用跑那么快，你也不用放慢脚步，千万不要为我放弃所有，我也会好好珍惜现在的一切。

我们遇见的时刻，彼此变得更好了。

我们相守的时日，虽有过争吵，有过不安，但想想你还在，这个世界依然那么美好。

我们三个分别后已是深夜，我看这个人潮涌动的城市，我想，我是真的很怕有一个人，会为我放弃了所有，我更怕他奔向我的时候，内心没有想好是否爱我。或许我根本不需要有这样一个人，假如我爱他，我希望他能获得世间更好的一切，而不是放下一切，跟我走。

我期待，成长的路上，我们没有向这个世界学会妥协，反而学会了彼此理解。

但每个人给生活的答案都不一样。所以，我也尊重一郎的选择。

突然想起去年的一篇文，我写过他的奋斗，曾杜撰了一个结尾，他说要寻找一个被他照顾的女孩，而后前往她所在的城市，他疯狂地奔跑，不顾一切，直到他来到她的身边，却没有想明白自己究竟爱不爱她。但上天会眷顾每一个善良的人，愿命运给予他们的，只有和缓、明亮，再无伤害、刺痛。

随着成长，我比任何人都明白，拥有一样东西并不难，难的是一直拥有着。放弃一样东西也不难，难的是下定决心去放弃。

或者，爱一个人很容易，不容易的是一直爱着。即使你是为了同情心去爱，是为了某种利益去亲近，也请坚持做下去。

现在的我，终于明白一个朋友放弃一段爱情时，曾对她说过的一句话："我不知道真实的世界是怎样的，但我只想做一个好人。"

那时，不明白这句话的含义，如今想来，真是情深义重，愿每一个深情的人最终幸福。

请原谅我们都是后知后觉的人

一个十五岁的女孩读过我的书，听过我在她们学校的演讲，便兴奋地加了我的微信，然后，她总喜欢问我各种问题。

我对她说："你要好好地自己去判断，去决定，去努力，不要凡事都问别人答案。"

她说："可我是个后知后觉的人，我做的所有决定都会后悔。"

后知后觉是逃避者最喜欢用的词，那些错过的，没有尽到全力的事情，我们都会悔不当初，怪自己后知后觉。我们都不是先知，谁也没有看到未来的能力，却可以拥有为当下努力的勇气。

我走过她的青春，明白她所有的纠结。但我再也没有回答过她的问题，期待她可以为自己找到生命的出口，我相信每个想问别人问题的人都有迷茫，但钥匙肯定是在自己手里。

成长的路上，谁不是一边跌倒一边醒悟呢！

前些日子，为一个作者的新书发布会去当主持人，我没有考虑到路上会堵车，所以还是按照自己规划的时间去走。等我到了的时候，才发现自己晚到了七分钟。

我记得当时自己很慌乱，突然很没信心。其实我应该提前一些到，去了解流程，去和嘉宾沟通，去展现自己的最佳状态，还有时间可以换上自己的礼服，但我没有时间去整理，没有时间去打扮自己，这一切都源于自己的迟到。几分钟的代价，让我心痛不已。因为那天去了很多媒体，我显得有些局促、狼狈。

归来的路上，我无比懊悔，那天晚上，翻来覆去，我失眠了。

其实，许多事情只有一次机会，当下就要做到最好啊，若当下没有完成，或没有发挥到最好的状态，这件事情结束的时候，一定会懊悔。虽然同去的朋友劝我不要太完美主义，但我依然觉得错失了最好的机会。

我为自己解脱，觉得自己是一个后知后觉的人，可仔细想想，这并非后知后觉，而是当时就没有准备好，没有把一件事情做好。

之后，我坐在咖啡厅，那些已悄然被我的漫不经心错过的往事，都浮在眼前。在当下，我本应该都可以努力做到最好的状态，本可以争取的机会，却被我一一错过了——

去年的冬天，下了一场小雪，中午停止，直到傍晚，我才意识到今天下了一场雪，而那也是去年唯一的一场雪。

我一个同事，也是我的好朋友说要辞职，我们聚了一次又一次，直到他真正离职后，直到他消失在我们的办公室，办公桌空了好几天后，我才意识到他是真的离开了，以往相处很多快乐的场景浮现在眼前，才开始心疼在这个繁华而荒凉的城市，我又丢掉了一个朋友。

小时候，骑自行车跌倒了，胳膊受伤了，我没有在意，爬起来依然可以骑行，由于照顾不周，胳膊上留下一个疤。后来每次过敏，这个疤痕都要疼，我才后悔当时为何没有及时止损。假如当时好好吃药、抹药，不马虎对待，或许就不会留下这样的痛。

读大学的时候，班里有一个名额可以去香港中文大学做交换生，我们当时都没有在意，依然打打闹闹，逃课去逛街，从未想过好好学习去争取这个机会。直到系里的一个女孩被录取，拿着奖学金前往香港读书，我们羡慕的时候才开始后悔，当初为何不多努力一些。那些看上去唾手可得的东西，丢失的时候我们毫不在意，直到被他人拿到，自己才开始后悔。

姐姐离婚了，离婚的时候很潇洒，半年以后，待她重新找到新的归属时，突然对我说，觉得之前的先生还是很好的，只是那时自己太任性，如果当时懂得妥协，学会妥协，或许现在就会有所不同。可人生只能往前看，这也是唯一的遗憾，我们只能拥有一种人生，以及一种可能性。我当时支持她离婚，看到如今的她这么痛苦，内心也在不断地问自己，我当时的劝解是对还是错。

…………

其实我们可以做得更好一些，就在当下，把所有的事情做到极致，但那个时刻，我们还是放弃了自己，因为不够勇敢，不够在意，不够洒脱，所以才有了后来的悔不当初，或痛心疾首。

后来读《耶路撒冷》，读到朝圣的人把全部的肉身扑倒在地面上，一步一步向前走去，他们期待以肉身之苦受刑，让精神之光自由。我们为什么这么崇拜先知，大概是因为他比所有人先看到我们所不能预料的结局。

走在这人生的路上，我们面临很多选择，有选择就会有割舍，就会有痛苦。有痛苦，就会有懊悔。唯一不让自己懊悔的，就是在每一个当下，尽全力去奔跑，不留下遗憾。

一开始我说，期待每一个后知后觉的人，都能遇见阳光，骨子里的悲观，终被温暖，开始乐观，才能躲过生命的阴冷。后来的后来我终于明白，每个后知后觉的人，想获得先知的判断和思考力，只能自己先来温暖自己，才能打开崭新的世界。

因为我越来越相信,命运并非原地等待你的东西,而是你内心积蓄许久的,已经形成的一种的力量。

请原谅我们都是后知后觉的人。但后知后觉者没有任何值得同情的地方。

黑夜中也健步如飞的人

记忆中，他很高，步伐很快，不管走到哪里，都会随身携带一个很小的相机。可不管走多么快，只要美景触动内心，他都会停下来，拍个不停。他很少拍人，喜欢拍风景，他怪癖很多，脾气暴躁，总是耷拉着一张很帅的脸。他说话的声音很好听，在成都那个男男女女说话都很嗲的城市，唯有他一口京腔，分外孤独……

尽管他有一个很好听的名字，但我们依然为他取了一个响亮的外号，贝壳老师。

其实，我们很怕他。他是我们的大学摄影老师，也是我们的噩梦。因为他的课真的很难过，即使过了，他也给大多数人很低的分数。如果不是必修课，我一定不会选他的课。因为他就像一块冰冷的巨石，不苟言笑，是全校闻名的"名捕"老师。

他对学生的要求非常高，不仅要拿着沉甸甸的海鸥牌手动胶片相机学会胶片摄影，还要自己学会如何去暗室里冲印，所有的步骤和细节都要一个人完成。

他常说："上我的课，就当这是高考，必须都得真学会，我拒绝浑水摸鱼啊！拒绝含糊不清！更拒绝……"

说到这里大概是没词了，他停顿了一下，"拒绝那个不来上我课的人，我都给你们记着。"

我们都想笑，看他那么严厉，只好憋了回去。

那年他已经五十多岁，孤身一人，走路有点喘。他说话的声音很好听，每一个词都缓慢而用力。他每次上课前，一定要提问上节课的内容，不是简简单单书本上就有的，而是实操后自己总结的规律。

那次，他提问的恰好是我，我没有答上来。

他径直地走到我身边，狠狠地拍着我的桌子："你还是学习委员呢！你还是学习委员呢！你还是学习委员呢！"

他连说三声，缓慢又沉重的声音刺痛了我的心，我强忍着的泪水，终于落下。

他看到我落泪，声音并没有软，继续一字一顿："我们学习，一定要认真，不能装懂就懂，你没有学会一定要问我，这就是我教摄影的意义，你知道吗？"

我点点头，那时并不理解他的话，心中满是对他的怨恨。私底下和同学们聊起他，也觉得他未免过于固执，还在用教小孩子的方式来严格地要求我们，这和散漫的大学生活状态不一致啊！这个怪老头！

可从那以后，我上他的课格外认真，他每次讲到重点也会看向我，似乎在询问我："听懂了吧？"

他再也没有提问过我，但他一定知道，我不仅理解了内容，而且实操很棒。有一次，我实操过程中打碎了一个灯，本以为他会怒吼我，他却没有："学习的过程中打碎了器材是不要紧的，我更在意的，是你学习的态度。"

即使他在帮我，也是一副教训的口气，学习，学习，像个唠唠叨叨的老父亲，时刻不忘教学的角色。

还有一次，我们正在上课，他接到了个电话，神色恍惚："喂，喂，喂，我就是上课啊！嘿……你呢？"

我们纷纷猜测："这是谁呢？难不成老师有个秘密情人，所以声音如此温柔，而且终于笑了。"可他平时太严肃了，就连那笑容里也带着不自然，多么像挤出来的笑容。

我们所有人都笑了。

他才感觉到，而后匆匆挂了电话，若有所思，比以往的沉默更沉默。

后来，我们才得知，他有妻女，现在在美国生活。他离婚多年，却也一直思念她们多年。那他平时接到的欲言又止的电话都是来自她们的吧，可那亲切的问候、难得的亲近转瞬即逝，留给他的孤独，比以往更深。

当我们得知这小道消息时，是他教我们的第二个学期。

这个学期，他变得慈祥了许多，尤其对那两个越南来的女孩格外亲切，经常说："那两个国际友人，我们要好好待她们。"

他还陪她们去买相机，耐心地说："可以拍下来你觉得好的风景，可以画出来，也可以以后回忆呢！"

越南来那两个女孩，当时还说不好中国话，拿一本词典，想和老师对上几句话。其中一个翻来翻去，最终放下字典，大概是太紧张了，她只淡淡地说了句："谢谢老师！"

他那时却亲切如慈父，对她们唠唠叨叨，反复问的问题，也不过是，适应这里的生活吗？为什么要来国外读书，越南也很好啊，背井离乡的……

哎呀，你很难想象一个暴躁的老人突然变得啰嗦起来，字里行间满是体贴地询问，这温柔本该很好，可他平时太严厉了，所以，她们依然大气不敢喘，随口用"嗯嗯"或"谢谢老师"这样的字眼来敷衍他。

他却依然认真地说："要好好学习啊，比如可以拿个本子，写上今天要做的事情，一点点完成它，不要慌张，也不要着急。"

料那两个越南的女孩也是听不懂的。其他的学生也围了上去，跟他大胆地攀谈起来。那个下午，我记得很清楚，阳光照在玻璃上，又折射在墙壁上，墙上贴了我们的画，他很快乐，也很放松，指着墙壁上的画说："每个人的画都代表了他的性格，其实，摄影也一样啊！"

这个怪老头，又开始噼里啪啦地说了很多摄影的理论。

我们问："老师，你可以去参加摄影展啊！"

"我喜欢摄影，又不打算拿它出名！"

"你为什么要拍照呢？"

"我这是摄影，不是拍照，你这孩子。摄影，是摄取人心灵的一部分，拍照就随意多了。摄影是带有艺术性的思考，是可以被保存的记忆……"

"老师，你为什么这么严格？"

"你们以为给我取的外号，我不知道啊，我就是觉得它挺好听，贝壳，贝壳，我就是大海里的贝壳，虽然我表面坚硬，但我心里柔软。我的好，你们得长大了才能懂哇！"

"长大了，我们也不一定懂，因为您给打的分太低了！"

"哎哟喂，你还给我讲条件。摄影是一门艺术，我觉得我给你打及格分，其实都亏了摄影。这是一门孤独的艺术啊，不过以后你们要成材，都得享受这份孤独啊！"

…………

那个午后，成都难得阳光那么好，而他也难得敞开心扉与我们聊了那么多。以至于多年后，再想起他，所有的印象都被冲淡了，唯独剩下十五楼那个不逐名利的老人，他安安静静地坐在暗室里冲胶卷，冲了一卷又一卷。我们所谓的孤独，在他眼中一文不值，他只想教好摄影，让每一个学生都学会他手里那点技术活。偶尔，他会抬头说："毕竟，我的课还是蛮贵的，我得对得起你们的学费，你们的父母。"

大三那年下来，果不其然，我们班摄影课的得分都不高，勉强及格，唯有我的摄影得了八十五分。

一个室友看到我成绩，说："恭喜你，这是被骂出来的高分。"

可那一刻，我心里居然有些怀念那过去的一年时光，与他的每一次对话似乎都闪烁着光芒。我们见惯了伪善的人满脸笑容，却毫无真诚可言，我们习惯了听顺耳的话，却忘了忠言逆耳。

我开始学着像个大人一样，独自承担，默默地一个人去做喜欢的事情，每次写作到深夜，或凌晨，一个人忘记孤独时才最孤独，我总会想到贝壳老师。那些年，他一个人蹲在小黑屋里冲胶卷，一卷又一卷，从青春年华冲到年迈白发，偶尔，也会偶遇几个真正热爱摄影的学生，便会心生欢喜，幽默连连，但大多数的学生，他只能绷着脸，用训导的方式，不然怎会镇得住那些懒散而傲慢的青春时光。

毕业多年，许多老师的面孔就如同海洋中华美的泡沫，那些和善的微笑，温暖的话语，给我们自由的课堂，怎么也回忆不出点滴的光彩。

可他的微笑却那么难得，我也慢慢开始懂他所说的话，我拿出了本子，按照他说的方式去生活和学习，不懂的就问，不要不懂装懂，做人要诚实，与诚实的人交朋友……他说的话简短有力，一字一顿，在我耳边缓缓传来，如此亲切，却再也无法触摸。

最后一次得知他消息，是他白血病病危时，有两百多名师生为他捐血小板，即使身患重病，在化疗期间，他依然坚持为学生们批改作业，依然严谨，他们在摄影这门艺术学科面前，依然没有得很高的分数。

他最终还是走了，只留下一句话——丧事从简，不设灵堂，不举行遗体告别，不接受奠礼。

多像他的风格，我似乎可以感受他虽承受着病痛，一字一顿说出这句话的力量。

我们无法再看到他走得很快的背影，也无法听到他暴躁的责骂，可我又如此怀念他。即使一个人坐在黑暗中，我总觉得他冲印胶片的速度也可以很快。不管在哪里，他都健步如飞，直到失去，才懂他的难得可贵。

真正的善，就是这么朴实无华，只是当时年纪小，我们还不懂他。

懂他的时候，我已长大，他却已经去了。

年仅五十八。

每个男人心中都有一个"英雄梦"

看《东北往事之破马张飞》这部电影时,我一直在笑,控制不住地笑,开心地笑,很久没看过这么好看的喜剧片了。每一个道具,每一个台词,每一个角色的每一个动作,都是正常的逻辑,用北京说是"没毛病",可你看了,依然会忍俊不禁。笑着笑着,突然就释然了,或许电影里侠义热血的力量,更值得笑过之后的我们去尊重,去敬爱。

提起东北,我们想到的是空旷的工地和浓郁的人情,而在那片热土上成长起来的东北人,更是让人热血沸腾,他们高大帅气,似乎拿起一根木棒,就敢去闯荡江湖。有一种不入东北,不知江湖的快感。

电影讲述的是几个性格迥异的东北草根青年,想保卫老人院不被拆迁的故事,他们无意中卷入了一场阴谋,于是,他们与香港黑帮斗智斗勇,上演了离间计、苦肉计、连环计等喜剧情节，温情而幽默。

电影让我们回到了 90 年代的东北，老人们住在热闹的老人院，几个孤儿长成了壮年，却得知老人院要被拆迁，其中拆迁人之一居然是一起长大成人的小伙伴，而后被香港富商领养走的吴良。他们愤怒了，且发誓要誓死保卫老人院，绝对不能让那些香港富商得逞。

一个英雄式的草根人物成立兵就此被推上了浪口，他足智多谋，英雄无畏，最重要的是他是个资深港片迷，一直对潇洒的小马哥情有独钟，大家都对他期待满满，认为在他的带领下，一定能保住老人院。

被大家寄予厚望的成立兵，其实也是个普通青年，过着普通人的生活，他原本守在自己的经营的小录像馆里，平淡地过着日子，突然被赋予了这个使命，也点燃了他内心深处的英雄梦。

虽然，这几个东北小青年和吴良斗智斗勇地展开了一系列斗争，并取得了表面的胜利。他们拿到了合同，老人院被保住了。但在这个过程中，他们好像丢失了更多，比如成立兵丢掉了初恋的爱人，爱人被吴良睡了，爱他的另一个女孩为了灌醉吴良，也喝得一塌糊涂。

自以为胜利的成立兵哭笑不得，笑在于凭借自己的智慧暂获胜利，哭在于这损失太未免太大了。可吴良本是狠心之人，毅然违约炸了老人院。并把成立兵等人暴打了一顿，其中这段打戏很出彩，一边是香港黑社会训练有素的打手，一边是自大而野蛮的东北人，显然，后者吃亏了，但他们并不害怕。整个打戏的过程，动作模仿了香港打戏，但绝不血腥，有些动作的设计彰显了黑色幽默的张力，这也是整部电影中出色的部分。

我们都以为成立兵这下彻底被打败了，这几个倔强的东北小青年只能罢休，重新回归自己原本的生活，毕竟他们努力了，也付出了，虽然一败涂地，但至少无悔。我以为这会是故事的结局。成立兵重新回到自己经营的小录像厅，也得到了一个真爱他的女孩的表白。但在这里，故事又有了出其不意的新意，成立兵根本不认输！

他回到小录像厅，只是为了变卖它，他要去做一件大事，那就是前往香港，去找到黑社会的那些人，并教训他们，找到吴良以及幕后人，让他们血债血偿。为此，他还学电影里的小马哥，用了全部的盘缠买了一把枪。

不是你死，就是我亡，从最初的赤手空拳，到现在成立兵拥有了枪支武器，这一切都说明，这个年轻人成长了。他最初所怀有的初心不过是，用智慧来逼退对方，现在的他拥有的除了智慧，还有一颗坚硬的心，还有必胜的决心。

所以，当他看到吴良的养父被黑社会一枪打死时，他没有惊讶，他看到一群黑衣的打手，也没有害怕，他学着电影里的小马哥，誓死要保卫老人院，即使把命丢了，也在所不惜。

正当我们充满期待，等着他打了几个小马哥式的潇洒的动作，并拿出枪支干掉几个人时，才发现他所持有的不过是一把假枪，原来，善良的人自始至终都是善良的，即使他们处于有利的位置了，他们依然愿意选择放对方一马。对方是心狠手辣的黑社会，他们只在意结果，所以，杀人毫不留情。

直到最后，成立兵被逼到了一个死角，看着前来保护自己的朋友又一次陷入了困局，他不得不举起另一把枪，香港黑社会以为他又拿假枪来吓自己，没想到，他"砰砰砰"开了枪，他终于觉醒了，对付坏人还是要真枪实弹。

黑社会被打败了，打伤了，他也因持枪伤人，被判了几个月刑。但他并不后悔。这就是我们爱成立兵的原因，他身上始终流动着一股东北男人的血性，他用这个角色告诉了我们，什么是男人，什么是草根式的梦想，什么是内心最原始的正义感，我们应该怎样去坚持。

成立兵从一个风风火火、张牙舞爪、手舞足蹈、行为狂热的男孩，终于成长了一个理性地拿着武器上战场的男人，并成功地夺得了老人院，他也终于完成了自己的英雄梦想。我们总觉得英雄是踏着七彩祥云归来的孙悟空，英雄是手持武器一次次冲杀战场的美国大兵，可英雄也可能是我们身边的一个普通人，他逗比起来很幽默，认真起来又很帅。他一边让你开心，一边用智慧解救众人与危难之中。

这个时代，我们需要英雄，但我们更需要这样具有正义感，讲义气且富有英雄情怀的男人。他可以怀才不遇，他可以很傻很仗义，他代表了每一个坚持正义的小人物。

这部电影应该会让全国人都能笑起来，它汇集了南北不同的喜剧流派，还有两岸三地的喜剧人，还有压轴的"台湾老戏骨"金士杰和"香港喜剧大师"曾志伟特别出演,明线是成立兵的梦想成长,暗线是他曲折的爱情。不管明线还是暗线,不管他是尴尬、恐惧,这部电影都很体面地让他展示了自己不同的情绪,绝不血腥,绝对好笑。

在香港小巷里,成立兵对追随他来到香港的暗恋他的女孩马丽说:"我有自己的原则,我不想一辈子被人踩在脚下。"那一刻,我似乎看到了周星驰拿出一本《演员的自我修养》,骄傲而傲慢的样子,让众人笑之后,再去尊敬。

随着年龄的增长,我越来越喜欢看喜剧,它一边让你笑,一边让你感动,还能让你体味到众生皆不易,需要表达的内容更为丰富,需要包容的人性也更为复杂。

它比任何人都知道,让人们哭很容易,但让他们笑着感动,真的很难。

假如给我一个机会，让我回到过去

看完杨幂主演的《逆时营救》，我突然想到过去的一幕。

那是中学时的一节体育课，我和一个女孩比赛跨栏，她一下就跨过去了。我铆足了劲，还是趴在了跨栏下面。于是，我又一次跑到远处，铆足劲，啪，我还是失败了。第三次，我终于找到了失败的原因，掌握了怎么跳过去，身边有人要拦着我，劝我别跳了，我还是不顾一切地跳了过去。这一次，终于成功了，我却摔倒在跨栏下面，足足有两个星期没有上课。

假如有人问我，给我一次机会，让我回到过去，我会选择哪个时间段？真的，我不愿回去。过去总是不快乐，痛苦又太多。每一个回到过去的人，一定有自己的迫不得已。

就像这部超现实主义的电影《逆时营救》中,杨幂扮演的主角——研究员夏天,也有三次回到过去的行动。她有一个特殊的任务,要去营救自己的儿子。毕竟可以让一个成熟的女人歇斯底里地的,除了爱情,还有她的孩子。

电影的明线是她去拯救儿子,暗线是亲情。拯救儿子的路途险恶,她必须理性,陪伴儿子的过程如此温情,为紧张的节奏增添了些许轻松。看下来,你会发现整部电影就只有一个女主角,也就是杨幂所饰演的研究员夏天。所有的男人、道具,那座耸入云端的科研所,还有那些炫酷的高科技,似乎都是她的配角。

每当杨幂再一次穿越到过去,再回来之时,她都比之前更为勇敢,更智慧一些。毕竟,人在一次次失去之后变得一点点强大起来,有时,我们生活的路上就是一个人的自相残杀,战胜自己,才是真正的战胜敌人。

第一次穿越,虽然回去了,儿子却死在了她的怀中;第二次穿越回去,一切重来,她变得聪明了许多,但儿子又一次死在了她的怀中。作为母亲,明明是奔着来救儿子的目的,却只能眼睁睁地看着他死在自己的怀中,这种悲伤,让第三次穿越回去的她,变得残忍而疯狂。最为精彩的是,每次穿越回来,杨幂都会带来另一个平行世界的自己,另一个杨幂,当三个人站在一起时,我觉得精彩极了。

精彩得不仅是三个杨幂对峙时,电影对人性的分析,善恶之间的选择。第三个杨幂是最疯狂的,她代表了人性中恶的一面,第二个杨幂代表了人性中理性的一面，第一个杨幂看上去虽然无能，却是善的化身。最终，理性获胜，杀死了疯狂的杨幂，而后终结了自己，留下第一个杨幂继续陪在儿子的身边。

在第二个理性的自己即将死去时，会让观者难过。理性是女人所缺乏的，但它偶尔会跑出来，战胜我们一小会，帮我们做一个正确的决定，然后还会溜走。留下一个看似温情而懦弱的女人继续与这个世界斗智斗勇。

仔细想想，这个角色除了杨幂能演出那种母亲对孩子的溺爱，为孩子不顾一切地奔命；也能演出职场女性的果敢、隐忍和乐观；也能演出一个人饰演三个分身的精彩。这些年，杨幂作为一个演员，她一直在成长，就像这部《逆时营救》一样，她不断地挑战角色，挑战自我。真是庆幸，在迎对现实中，她没有分身乏术，反而越战越勇。

其实，我对她的记忆还停留在金星对她的采访那个瞬间。

那时，金星问她："你要给妈妈买房，会和刘恺威商量吗？"

"不会，因为我买得起。"她自信满满地说。

我瞬间转粉，真的喜欢这种很酷、很直接，又很坦率的女孩。为了匹配自己的豪爽，她工作起来也是很拼命，尽力做到最好。就像她在这部电影中的挑战一样，在电影中，她就是那个无人能敌的主角夏天。

这些年，她所有的电影、电视剧我都会观看，一直追一个演员的戏，慢慢会觉得她像是你的朋友，演给你看人生所有的角色，悲欣交集，好的，坏的，必须面对的选择，无法逃脱的压力。很多事情你无法经历，但这些故事中的角色你得一一走过。

这些年，我们陪着看杨幂电影的女孩，渐渐都老了。可她还是一个少女。

那天我看朴树接受采访时说："我觉得不是我过于少年，是这个国家的人提前就老掉了。"

或许这部电影想表达的也是蝴蝶效应的概念，改变某个时间点，某件小事，就可以影响整个事情的发展，让结果有了不同的变化。细节影响全局，通过改变不同的细节，就可以获得不同的故事，看似细微的细节，却可以让我们有不同的结果。

就像我们的成长，当初那些看起来惊心动魄，或悲伤欲绝的事情，不过是生命的一个节点。走过去就是走过去了，走不过去便会卡在路上。卡在路上的那一刻，我们似乎能够听到很多人说，假如再给我一次机会。

抱歉，人生没有重头来过。只能默默地前行，有些事，只能一个人经历，有些路，只能一个人走。只有你了解了人生是这般的孤独和艰辛，才更能理解杨幂所扮演的夏天，面对这三次回到过去，是怎样的绝望。

也可以这么说，她所有的力量都是在绝境中逼出来的。这种绝望无人可救，只有她的强大，才能扭转整个事态的发展，不一样的结果，是不同的人生。

写到这里,我开始羡慕杨幂扮演的那个角色,一切还有重新再来的机会,扭曲虫洞,就能回到过去。要知道,更多的人根本无法回到过去。我们只能在现实中后悔。

　　有的时候,我真的快要回到过去了,就差一点,但我知道自己永远回不去了,因为那不过是在梦中。或者更为可悲的是,即使在梦中,我也无法短暂地回到过去。

　　当然,我更羡慕真实的杨幂,永远是少女那般清澈而美丽。

即使你的梦想很昂贵也要去做

张晓琪明年四月要去日本留学,她很努力地工作,攒钱,每天做完本职工作,还要回家辛苦做兼职,背日语。

我想到了一个两全其美的办法:"你搬到我家来住,你算一下,这样你很快就能攒到那笔钱去日本了呀,然后你也不用那么辛苦。"

本以为晓琪会感谢我的贴心,她犹豫了一会,还是拒绝了我。去日本读书,读文学是她的梦想,她不觉得累啊。她说:"可是,我还住过那么好的房间!除此,我去日本读书的过程,一定要是我自己努力拼搏得来的,这样才难得可贵。"

晓琪就租住在公司的附近,是一间装修特别好的屋子,那风格应该属于日式简约。她第一眼就看上了,合租的女孩是央美一个喜欢画画的姑娘。

我也去过那房间，站在阳台，远远地可以看到山，有时会有错觉，误以为可以看到大海。还有那张很大的床，躺下就不想起来，书桌上摆满了书，衣柜的设计也很美。总之，是一间很棒的房间。

那个夜晚，我留宿在她家，她打开一盏星星灯，然后整个房间都映照着流动的星光，这让我想到了童年。

"你这个小屋真美好。"

"是啊，我从没住过这么好的房间。它距离我公司很近，符合我对房间的全部想象。每个夜晚，这里不止安静，还很温馨。虽然它价格很贵，是我薪水的三分之一，可从小长这么大，我从未住过这么美好的房间，它让我变得很有力量。我想为美好的一切付出。你知道我最近为什么能攒下那么多钱吗？我就不花钱，我要把所有的钱攒下来，不买衣服，不买化妆品，就为了住进这么好的房间，就为了去日本留学啊。"

"张晓琪，你真的好勇敢啊！"

"美好的一切，都值得我这样啊，包括我们的友谊。"

我似乎懂了，每个看似很任性的背后，其实都有她的坚持。

就像她已经二十八岁，她着急的不是赶紧找个人嫁了，而是一路向前，去做自己喜欢的事情，让自己变得更美一些。她从不着急爱情，每次失恋，虽然内心悲伤，但总能很快好起来。

"既然你这么难过，为什么不去找他呢？"

"可是，我们并不合适，即使勉强在一起了，漫长的人生，还是会出现各种漏洞，还是会不可避免地要分手啊。我已经看到了这一点，他和你们都没有看到。"

说实话，我很佩服这样的女孩啊！

她知道什么才是自己需要坚持的，她有自己的底线，也有自己的主意。为了守护自己的初心，她不怕被伤害，也不怕得罪任何人。

在人生这条路上啊，我走得小心翼翼，举步维艰，每一步我都怕出错，每一次有重要的事情发生，我总会问身边那几个朋友，征求很多人的意见后，我才能得出自己的答案。所以，我才羡慕她，如此洒脱，如此有主见，如此毫无杂念，如此让人心疼。

晓琪一个人去过很多地方旅行，也曾跑到泰国、法国、新加坡、日本……有一天，她郑重其事地说，要去日本留学，因为去过那么多国家，想去学日本的文学。

"以后的某一天，我不止要住在那么好的房间，也要拥有这个房间。还有呢，我还要成为最好的小说家，写很多文字，把我的梦记录下来，我还要获得很多奖……"

以前，我会笑晓琪痴人说梦，可我慢慢地相信了，因为她真的会去做，会去准备。为了看到更好的自己，她真的有去牺牲所有，去实现想做的事情。

很多人都只是说说吧，说我要努力，说我要去旅行，我要去留学，我要去减肥，但真的行动的人少之又少。行动之后，坚持的人又少之又少。坚持之后，不放弃的人，大多才是会实现愿望的吧！

你想去实现自己的梦想，那就坚持去做啊，即使它很昂贵，它华而不实，它很难实现，坚持去做的过程，如果你不想那么努力，也可以放弃，但放弃的时候，就不要再抱怨，也不要再询问身边的人，以求安慰。

我始终认为人这一辈子真的是平衡的，你付出的一切，终究会以一种方式来回报你，若你放弃了，它也会匆忙地放弃你。因为，梦想比任何东西都脆弱。

那些疲惫不堪的朋友，他们离开北京的时候，我追问原因，他们会说，这里的一切都好昂贵啊，买不起房子，住不起房子，不敢结婚，有了孩子，读不起幼儿园……

可是，换一个阵地真的就会好吗？失败的人总会找借口让自己心安，然后怀揣这个美好的借口，离梦想越来越远，现实也没有好起来。

所以，我更欣赏张晓琪那样的女孩，那样的态度，美好的一切都值得。世界很宽，选择很多，但你总有自己想得到的，那就是你想要的光，走下去，就对了，走下去，青春方能无悔。

来北京的第一顿火锅

上周末,送安安离开北京,我俩站在南站的时候,她说,我想吃点东西再走,可是时间来不及了。

我说,你想吃什么呢?

她问,你呢?

我离开北京的时候,应该会吃一顿火锅,我记得当年第一次来北京时,吃的第一顿饭就是火锅。

我们还在商量吃什么的时候,安安突然就笑着说,可是,我们并没有时间吃了,我要离开了。有好吃的记在心里,这就是北京留给我的味道。

离别时,以为安安会伤感。可她并没有。她开心地说,我终于走了。然后,又认真地看着我说,其实,今年我特别想有一个家……

这座城市整整装了她九年的生活。那年，安安和我一起来到了北京。她那时是那么年轻，她也很白，很爱读书，是带着嫁一个人的梦想来的，却未想过，他们很快就分开了，而后，安安单身了很多年。这些年，她读书，她升职加薪，她做了许多美好的事，逐渐认识自己，却没有认清这个世界。

安安无论站在哪里，人们都会赞美她，啊，这姑娘那么好看啊！

可这么好看的姑娘，却没有找到懂她的人，也没有遇见爱她的人，更没有遇见愿意珍惜她的人。她始终一个人站着，咬着牙生活，看上去很独立，伤痛埋在心里。

我的朋友们，那些年轻人，就这样离开了北京，离开了他们自以为不可能离开的生活。

我问她，你这是要回父母的家吧？

她却说，家，不是那个订婚时承诺要娶她的男人所买的房子，那个房子早已空去。家，应该不是另一个城市或县城，父母和她的哥哥所住的房间。据说，自从哥哥有了孩子，她的房间就堆满了尿不湿、儿童推车，她的父母不再会为她着想，心中满满都是哥哥和孙子。所以，安有两年过年的时候没有回家，她觉得无家可归。

道家常说，心安即是归处。所以，我更赞同另一个朋友所说的那句话，当你在一个城市待了很久，越来越熟悉一个城市，那个城市就是家，心灵的家。可为什么，当你在一个陌生的地方待了十年之久，内心依然会有空洞，觉得自己就像鱼缸里的鱼，始终跳不出那栋玻璃墙。

所以，安安，我的朋友，你要前往哪里，何处才是你的家呢？

我还记得当时刚刚来北京的时候，我和安安在豆瓣关注了一个摄影师。我来那年，最迷茫的时候，恰好是他走的时候，他煽情地写下了一篇文——北京，我再也不给你添堵了。

然后，他离开了北京，回去云南，当上了自由摄影师。记得有一段时间，他拍了很多照片，有一些是婚礼跟拍，一些是婴儿的笑脸，一些是葱绿的植物。再往后，他很少再更新，就这样慢慢被人忘记了。安逸的生活，会埋没，会养肥一个人，也会让年轻的血液迅速老去。

终有一天，他更新状态，说怀念年轻的时光，他在北京的街头拍照，眼前都是美好的颜色，永远在笑的年轻人。他觉得自己老了，再也回不到从前。可事实上，他依然很年轻，还不到三十岁。

我一直在想，假如他一直留在北京，是否能继续自己的梦想呢？毕竟，这块土地是文艺的土壤，在这里，有很多人和他有同样的梦想，他们可以在一起讨论，互相支持，直到找到出口，把梦想延续下去。

为什么那么辛苦，依然要留在北京呢？

我想，大概是为了一种可能性，还有更公平的工作环境吧，而且当你越来越熟悉一个城市，它就会成为你生命中的一部分。不管你去了哪里，总想着要回来，脚落在这里，就是心安的感觉。

也有人说，只有在这里，她的生命才可以更完整，即使迷路，她也能顺着地铁线路图，找到家的方向。即使你已经四十岁，即使你是丁克，或恐惧婚姻，不管你的状态如何，你都能找到志同道合的人，可以理解你。

你可以永远年轻，永远热泪盈眶，你可以结交有趣的人，找到新鲜的话题，当有一天，你觉得累了，疲倦了，走不动了，可以从容地离开。没有人会记住你，也没有人会怀念你，因为会有更新鲜的血液涌进来。或许，再也没有比这些更为珍贵的经历了，生活本是流动的。

可是，何处才是我们的家？

曾听过 TED 演讲，一位台湾的主持人讲了她的故事。年轻时，她离婚了，一无所有，她跑到异国他乡求学，在深夜的街头哭泣。那时，她明白，成功不是一次次光鲜地站在舞台上，因为那个舞台会结束。直到她再次找到爱情，她才明白什么是安全感，直到她生养孩子，直到她日益老去，她再次来到曾经哭泣的街头，她领悟到，终其一生，我们要寻找的不过是回家的路。

那个路是什么？

她说，是那个让我们获得安全感的伴侣，那份你喜欢的也认可你的工作，那个愿意和你一起一直走下去，并真心承诺给你一个未来的人，那个你不愿意离开的城市，让你熟悉到从容面对的生活……这些都是家，只是被披上了不同的外壳。

我深表赞同，每一个流浪的灵魂都理应得到安放，不管方式如何，心安即是归处。

若时光赐予我欢喜，皆是因为你

毕业多年，每次回家的车总是先开到我的高中，再缓缓开到我的家。从高中到家的这段路，我都会泪流满面。这条路上太多回忆，一路涟漪，在我内心荡漾。它在告诉我，小镇的姑娘，不管你在外面多么风光，不管你走了多远的路，你还是属于这里……

我从初中就开始学画画了，在一些人的理解中，学画画的那群人就是成绩差或比较笨的学生，每当我会因此沮丧，爸爸会说，每个人走的路都不一样，说不定他们都没有你走得远呢。

从初中到高中，我的假期生活全部交给了画画，周末也不例外，爸爸希望我能考上很好的大学，周末从不肯让我回家，他会来看我。有时，他会提一袋水果，有时，会买来一些营养品，我清楚地记得当时有个产品自称是补脑神品，爸爸每次都会给我带一盒，遗憾的是，喝了那么多年，我依然没有变得很聪明。

高二时，我和很多美术生一样，背着画板去济南学画画，我坐在车上，看着爸爸离去的背影，突然泪流满面。恰好，那时，他也回头看我，于是，他调转车头，开到我乘坐的那辆车窗前，又悄悄地递给我一些钱，他什么话都没有说，开着摩托车走了。

车就载着懵懂的我，来到了济南。我记忆中的济南是灰蒙蒙的天，我们整天坐在废弃的工厂里画画，画各种白色的雕塑，速写，水彩画，日子枯燥而重复，像是坐上了一辆没有终点的地铁，窗外的世界的黑暗的，我们借着灯光不停地画，画完以后就是讨论，外面的世界究竟在发生什么，我真的不知道，慢慢地似乎也不再好奇了。

我一直认为自己并不是很聪明的学生，画起来格外吃力，直到有一天，我觉得非常困乏，似乎画下去没有什么希望了。于是，我跟着班里的一个学生逃课了，我们跑到济南最繁华的地方去逛街，直到夜晚才回来，被老师逮个正着。

他惩罚我们站在画室的外面，那天晚上，月光如水，冰凉而美丽，我仰起头，尽量不让眼泪落下来。我清晰地记得他的训话，大致的意思是，珍惜青春时光，珍惜能一心一意画画的好时光。我们都是穷地方来的孩子，跟城市的孩子比不了，所以只能比他们更勤奋。

我知道自己错了，却无法低头承认错误，或许读书时的自己太倔强了，我有自己说道歉的方式。

第二天，我比其他的学生来得都要早许多，一直保持到了那个学期结束，我的画终于被老师打分到了 90 以上。他对我说，假如家庭条件允许的话，你可以试着去中央美术学院画画啊，好好珍惜你的天赋。

这或许是一句话鼓励的话，我却当真了。

我低下了头，其实家里没有那么有钱，但回到家里，我依然把这件事告诉了爸爸。爸爸爽快地回答，那就去北京吧，哪怕是去外面的世界看看也好啊！

那个冬天，他凑了所有的钱，依然不够，于是，他跑到邻居家，低着头红着脸去借钱，他说要送我去北京学画画。

所以，高三的上学期和寒假，我都是在中央美术学院度过的，白天画画，晚上看书，每天重复，虽然很辛苦，却很充实。我当时最羡慕的人，就是肯德基的落地窗里坐着幸福的一家人在吃炸鸡，我觉得北京真的很冷，城市很大，全国各地来学画画的同学们都很洋气，我一个人缩在宿舍里，很少与她们交流，把全部的时间都拿来画画，看书，写信。

我那时为什么要远离身边学画画的同学，大概是因为自卑吧。他们说着标准的普通话，穿着漂亮的衣服，与他们相比，我总觉得青春好像并不属于自己。贫穷以及穷苦带来的自卑感，让我勤奋好学，却沉默而自卑。孤独的时候，我会写信，一直写，写给我的父母，写给我自己，写给我央美的梦。

记得那年的圣诞节下雪了，我去画室画画，看到同学们戴着圣诞帽，整个画室乱极了，他们还特意买了圣诞树，拿着圣诞灯乱跑，这场景吓到了从不过圣诞节的我。然后，我看到自己的画板被他们踩在脚下，他们放肆的笑声，好像在嘲笑我这个从小镇上走出来的女孩，我受到了一种侮辱，背起画板跑到央美的操场上，一直奔跑，不小心跌倒在了操场上，大哭起来。

我给爸爸打电话，一直强调，我不想在北京继续学画画了，想回家。这边的人太夸张了，过个节日，把我的画板画架全砸了。

第二天，他就出现在了中央美术学院，我清晰地记得，我的一个远方亲戚开着一辆破旧的白色面包车。我跑到央美的门口，看到我的爸爸从车里走下来，我一直高大的爸爸在陌生的城市看起来那么拘谨甚微，他从包里给我拿来了一些水果，让我在这里继续画画，不要胡思乱想。

他没有问我为什么哭，发生了什么事情，我也没有回答他。他带着我来到了肯德基的门口，我却又拼命地拉着他的手离开了。那时的自己还不能成为落地窗里安心吃肯德基的女孩，我暗暗告诉自己，等我考上了中央美术学院，我再去品尝。

我一直对爸爸说，北京真的好大啊！

爸爸却说，等有一天你长大了，强大了，就不会这么觉得了。你好好画画，考上这个学校，就留在这里工作，等以后我们一起在这里生活，也挺好的。

这句话被我记在了心里，它似乎成了我的人生目标，即使后来并没有考上中央美术学院，我依然记得他的这些话，这些话也成了我的心愿。

包括我后来被西南交通大学保研，我没有选择去读，毕业后就来到北京工作、考研，我想也是这句话的鼓励吧！

待爸爸离开后，我飞快地回到了画室，把画板、画架、颜料、笔都收拾好，待我收拾好自己的一切，我又帮一个老师去收拾其他同学的东西。老师突然很感激地看着我，他说那么多学生里，他觉得我很懂事，从此，他教我时，格外用心。

往后的日子，我总是戴着耳机，一个人画画。当我劳累时，我就跑到外面的阳台上看风景，那排高大的树木，吹着温柔的风，暖化了我青春的记忆。有时，我也会一个人奔跑在中央美术学院的操场上，想象自己成为了这个学校的学生，享受着美好的大学生活。我跑到非常劳累时，就会停下来，躺在操场上，看着天空，时常泪流满面。

是啊，我的高中生活，时常让我很伤感，最初是自卑，然后是无力感，后来或许成为了一种习惯。我静静地享受着这种骨子里的悲伤，安慰自己说，这是艺术赐予我的勋章。

但我并没有考上中央美术学院，虽然我一直认为自己是属于那里的，但我的爸爸拿着我的录取通知书，依然兴奋地好几天无法入眠，甚至泪流满面。我记忆里他没有哭过，这是第一次，不过，这是幸福的眼泪。

如今，我毕业九年了，也在北京工作了九年，我说要带他一起在这里生活，他却不愿意。每次我回家，他依然开着车来接我，今年，他买了一辆车，他还像过去那样，一点没有老去的痕迹。他对我说，虽然他已经六十多岁，却仿佛觉得自己越活越年轻了，我可以继续依靠他。

可他不知道，如今的我，时刻依靠着他，也时刻依靠着自己。北京这个城市依然很大，我在这个城市穿梭自如，虽然是个路痴，却从不会迷路。我是长大了，却没有强大，我依然爱这个城市，这里有我的青春，也有我的梦想。

在这个城市，我时常泪流满面，骨子里的忧伤是改变不了了。

这是我的中学时代留给我的不安，也是成长赐予我的敏感。

年轻时的孤独,是你成长中最好的朋友

读大学的时候,我非常自卑,总是一个人坐在角落里画画。那些光鲜亮丽的女孩不是来自城市,就是家境富裕,好像只有我是一个小镇姑娘。她们穿着漂亮的衣服,谈论一些我不知道的新鲜事物,我都会躲在一边看书,以此来掩饰内心的落差。

上课的时候,我都是默默地坐在最后,却依然很拼命地认真听每一节课,从不逃课,所以,大学时代我的成绩很好。唯有一次挂科,我偷偷地哭了很多天,懊恼了许久。我生来骄傲,活得任性,很难容忍自己失败,总有一种好强的假象围绕着我,让我与周围的世界脱离开来。

每到假期时,美术老师就会带我们去写生,去爬山,去公园,去画很多美景,去看更多的事物。我们捕捉着人群中流动的风景,并把它画下来,

那是我大学时代唯一觉得放松的事情。我画了一张又一张，一本又一本，当同学们偷懒去逛街、买衣服的时候，我依然站在街头画画，有一些行人会停下来，看我画画，一些人嘲笑我画得不像，一些人羡慕我会画风景，我都丝毫不在意。

我依然记得大学时教油画的那个老师，曾拿着一张留学生的画，自豪地说："其实画画是需要天赋的，你瞧，这样的画是你们学画很多年都无法拥有的功底。"

此时看来，可以理解那个同学之所以画得那么好，是因为她去过很多城市，拥有很多素材，看过很多画展，有很好的审美，其实与功底无关。

虽然那时老师说这句话并与我无关，我却陷入了一种深深的自卑中，似乎觉得无论我怎样努力，画多少画，也都无法成为那个有天赋的人。我的孤独，我的骄傲，我的任性，在现实面前，一文不值，很容易破碎。

可我依然无法像那个女孩那样，去很多国家旅行，去看很多画展，去积累许多素材。于是，我只能待在图书馆，去看书，看各种作家和画家的自传。我开始写作，每天都写，那时正是大四，同学们都在找工作，我却一天天泡在图书馆。

直到大学毕业的那次汶川地震，那晚下了很大的雨，虽是五月的天，却奇冷无比。我和室友坐在操场上，我那时想，如果我眼前的世界真的倒塌，我也就此消失，我会有什么遗憾吗？

是的，有许多遗憾，我的梦想还没有实现，我还没有成为插画师，还没有出版属于自己的书。我还没有去日本看樱花；还没有去新西兰坐缆车；我甚至没有在海边独自生活一段时间；还没有走向大山深处，寻找到"心安即是归处"的心境……当时，很多同学都乘坐飞机或火车离开了成都，我还坐在操场上看书，如今想起来，依然会被自己那时的执着和勇气而感动。

大学毕业后，我离开了成都，一路向北，来到了北京，去考北京电影学院文学系的研究生。我拉着一个箱子，里面装满了书，毕业后，除了书，该丢弃的我都丢掉了。多年走来，吃了许多女孩不能吃的苦，黑夜里流了许多女孩无法体会的泪水，直到我出书，成为了作家，直到我成为一名杂志社的演讲师，去很多大学演讲。表面上无比光鲜，一旦舞台的灯灭了，人群散去，我就会回到黑暗中，成为那个孤独的女孩。

有很多人都会问我，年轻时最重要的是什么，如何摆脱我们的孤独，就是一种无法被人理解的感觉。

我都会回答他们，为什么一定要被人理解呢，或者是，如果人人都能理解你，你该是多么普通。真的，成长就是，有些路只能一个人走。我们找不到心灵相惜的伙伴，甚至没有同行人，但这是属于我们的路，没有选择，也无法后退。我们只能自己点灯前行，那灯就是你的努力，坚持以及乐观的态度。

毕业九年，我依然怀念当年在街头画画的自己，当年在地震发生时依然惦念拥有梦想的自己。那个执着的女孩啊,我无法穿越时光去拥抱你,但我可以为了你成为更好的自己,那个一直微笑着的女孩啊,我至今无法安慰你的忧伤,但我可以怀揣你的梦想,继续前行。

兜兜转转，你要学会从容地转换

在电影院看完电影《罗曼蒂克消亡史》出来，已是夜晚十一点多。走在北京的街头时我在想，这座城市好像永不睡眠的机器，载着一群优秀而聪明的人，前往一个个未知而精彩的明天。

在我的印象中，贺岁片里如果少了葛优先生的出演，就没什么可看的了。不管他是深情，是搞笑，是黑色幽默，还是一脸真诚，他所说的每一句台词都会让我忍俊不禁。

他的每一场电影我都会去看，因为我想看到一个不帅不酷的老男人，是如何用演技让自己一直留在影帝的宝座上的。有时，看到一个早已功成名就的人还在努力，还在不停地转换角色，去挑战自己，去实现另一种可能，我会很感慨。

毕竟到了三十岁的年纪，让我特别害怕的不是自己一天比一天衰老，而是固步自封。我看到一些人常把自己锁在一个小小的世界里，觉得外面的世界都不安全，外面的人也都是坏蛋，只有关闭自己最安全。走来走去，他最后会发现，自己没有一个可交心的朋友，工作也没有温度。

此时的迷茫，不是我们不肯进步，而是不敢再去尝试。所以，我现在特别喜欢听到或看到那些更有勇气的故事。

我读到一个故事，主流杂志社的一个主编在三十四岁的时候辞职，然后拿出十个月的时间考托福，又去留学，发现商学院不适合自己，又毅然退学。直到她三十六岁时，她终于想明白了，自己最想做的事情，其实是成为蒙特利梭幼儿园的老师。折腾了一番，兜兜转转，发现自己要过的生活，其实很简单，然后放弃所有繁华，返璞归真。

一定会有人觉得，所有的折腾都是浪费，还不如一开始就去做幼教，可她，一个三十六岁的女人，不经过这番摸索，不看透所有风景，又怎能找到自己中意的细水长流。

我读研究生的同学孜孜告诉我，人生没有白走的路，所有的决定看似很艰难，但真的下定决心时，反而会义无反顾。

我记得她前往德国留学时，很多人都是想不明白的。毕竟她有过一次留学经历，学到一半，因身体原因，不得不回来。回国后，她安安稳稳地做了大学老师。直到三十岁时，她全然不顾地又要辞职，前往德国留学。

她解释说，之前的留学是为了父母的满意，现在的留学是找到了自己感兴趣的方向，是为了未来、梦想，你们不会懂。

折腾一番，三年后，我们发现她还是回到了国内，做了大学老师，只是所教授的专业不同了。但我们能感觉到她的确成长了许多，比以前更有主见了。

走在这路上，谁不是一边走，一边选择，一边思考，一边前进。或许有更好的生活方式，或许有更多的人生机会。前提是，我们需要遇见那些它们，才能知道适合不适合自己。

每到年末，我们听到一些好的消息，年终奖翻倍了，也听到一些不好的消息，一些人被裁员，都是常见的事情。我一个学妹被裁员的原因很简单，在公司做了很多年行政，今年公司暖气供得晚了，她感慨说，太冷了，这么大的公司怎么这么穷。不仅感慨，她还把这句话发了朋友圈。结果，三天后就被辞退了。

她问，发个朋友圈，就一句话，威力那么大？

或许也不仅仅是这句话，她经常对我说，她的工作特别好，常无事可做，清闲到无聊。即使到了年底，很多人都忙碌到哭时，她还有时间纠结应该选粉色还是桃红色的拖鞋。

我经常劝她："工作清闲，你不能闲。可以读书，进修，把你丢掉多年的绘画捡起来，或者学好英语，对了，你不是喜欢钢琴吗，去学！"

她会笑着说："我这个人喜清闲，我不喜欢特别劳碌的生活，假如我是你，经常凌晨还要起床去赶车，前往另一个城市讲课，我肯定做不来这样的工作。"

不是所有的东西都是一劳永逸的，清闲的背后可能会是陷阱，只是温水煮青蛙，我们很难察觉。所有的得到也是有代价的，上帝所有的馈赠也早已在暗中明码标价。所以，我们需要尝试，而并非坐以待毙。任何一个职位，我们都不可能一直做下去，因为人生有很多种角色，我们要学会转换自己的思维。

这么想来，那些兜兜转转，勇于尝试的人反而难得可贵。他们去进修，或去努力改变，或去其他行业钻研，多年后，他们再重返这个职位时，内心肯定更为强大，知识涵养也更丰富，做起来也更游刃有余。

毕竟，看透所有的风景后，再来确定自己的梦想，与那些一直在一个地方死命挣扎的人是不同的。就像葛优先生如果来年还出演贺岁片，不管是什么角色，什么类型的电影，我都会前往电影院。哪怕只是喜剧，我也觉得他能演出不一样的精彩。

我欣赏敢于改变的人，也敬佩所有有能力去实现自己现状的人。因为要打破一切重来，需要的不仅是勇气，还要看运气。而下定决心时，其实就是运气最强大的时候。运气不会不请自来，它比任何东西都可贵，也比任何美好都难以遇见。

你难过得太表面，像没天赋的演员

　　看完一档中国式相亲节目，我突然觉得自己肯定是嫁不出去了。

　　因为我看上去是一个挺勇敢的人，其实是一个喜欢退缩的主。尤其是像节目中这种情况，先不见男主，就来约会男方父母的相亲，除非打断我的腿，不然，全家陪我去我也不敢。所以，蛮佩服前去挑战的女孩，不管最终有没有男方父母选择，或男孩选择，都是最勇敢的自我挑战。

　　其实，不敢去的主要原因，除了我骨子里的自卑，还有就是我一直觉得，爱情是两个人的事情。但在中国，一切都反了，要么是宠爱熊孩子，一家人围绕着孩子转；要么是有个说一不二的严肃家长，一家人都得听他的，哄着来。我们都忘记一件最重要的事情，在夫妻关系里，爱才是一个家庭沟通的基础。

节目中每次有女孩上台，都会引起一片哗然，男孩子给父母们留下的标准永远是——漂亮、身材好，寻找的是表面的吸引，家长们的标准却是会做饭、照顾家人，还要会赚钱，其实就是条件的衡量。所以某期节目里，那位从日本和美国留学归来的女孩，立刻就被家长爆灯；而那位貌美如花的女人却因为年龄已到四十的缘故，而遗憾立场。

那位从未恋爱过的二十三岁的男孩，想牵手她，他的妈妈却一直恳求这位漂亮的女人，你想想，你比我仅仅小了十岁，比我儿子大了十七岁，我了解我的儿子。

儿子从小屋里走出来，却说，你们从小都忙，没人理我，我是缺乏安全感的，我喜欢比我大的女孩，她见多识广，还能指引我。我缺这个。

这说明妈妈并不了解儿子，儿子此时似乎也并不需要她了解。让一个不了解自己的人来代表自己相亲，岂不是一件荒唐事？或许，这本身就不是相亲，而是来衡量条件后，进行的一次选择。

我们身边不乏结婚又离婚的事情，有人说，嫁给一个人就是嫁给这个家庭的三观；也有人说，嫁给一个人，首先要征得父母的满意；更有长辈认为，若家长不同意的婚姻，多半都不会有好下场。所以，栏目才设置让女孩先过父母这一层考验，因为它比任何人都懂，父母作为过来人，他们的满意和爆灯，才是对女孩最大的接纳。

我一直觉得，凡是期待通过婚姻解救自己命运的人，多半都是失败的。阿妮失恋了，夺走她男朋友的恰好是自己的同事。那个同事不仅漂亮，家世也很好，阿妮自叹不如，她退出了这场"三个人的晚餐"，却又如释重负。因为前男友告诉阿妮，他真是穷怕了，小时候跟着奶奶长大，爸爸妈妈都在福建打工，他之前谈了几个女朋友，阿妮是最穷的。他一直期待能找一个富有家庭出来的太太，然后过上梦寐以求的生活。

善良的阿妮说，她理解他，所以，她头也不回地走了。

两年后，阿妮又接到他的电话，她的前男友说他们迅速地闪婚了，然后又迅速地离婚了。他很后悔，觉得对不住阿妮，也期待阿妮可以真正原谅他。

阿妮本以为他们结婚后，女方物质条件那么好，他肯定会加倍对她好，好好维护这段感情。未曾想，世界上还有一个词叫做"日久见人心"。

阿妮的同事喜欢运动、泡酒吧、跳舞，但这在她前男友看来，简直就是浪费金钱。前男友喜欢吃烧烤、看书、上自习，阿妮的同事却说："穷酸的人才看书。"更让男方接受不了的是，阿妮的同事从不会跟着他去老家，而且对方家庭非常强势。

这时，阿妮突然想起来她那个条件优越的同事曾说过的一句话："我总觉得自己这一生要经历很多事情，比如闪婚，比如离婚，比如一个人去旅游……"

或许，这段感情在别人心中只是一段经历，它甚至可以像游戏那般简单，因为她玩得起。所以，有时你期待通过爱情或婚姻带来实际的好处，多半都是自毁型的劫难。

但我依然执着地认为，这个世界上，一定存在一见钟情，一定有人会无条件地爱着另一个人。虽然这种爱绝不是像父亲那般宠爱你，更不是他拿生命来爱你的冲动，那是一种理解、认定和甘心。

倘若两个人相亲，都没见过彼此，怎会产生感情呢。我看到女孩站在舞台上，听男孩的条件；男孩被关在屋里，看女孩的模样；男孩的父母坐在舞台的下面，听和看女孩的条件。其实，这就是一种条件的选择与衡量。

"我们觉得你配得上我们的儿子，他需要一个温柔的、顾家的，可以帮助他一起打理事业的人，你们之间的事业也可以互补。"虽然外交官爸爸很给力，留给我的印象也很好，但他说出这句话时，我却依然觉得心寒。

或许是我太过于独立了，我对爱情的理解是，它不仅仅是一种需要，更是一种欣赏、陪伴、给予。

我爱你，但我不希望我给予你的爱让你有压力，你只需要是你就好了，你并不需要帮我做什么。因为你有自己的爱好，生活的空间，以及你对世界的理解。我恰好路过你身边。正是你对世界的理解，你内心的涵养，以及你由内及外的美吸引了我。而我看你的时候，你恰好也在看我，我们的爱是一种吸引，不是物质的交换与衡量。

我不会要功利的爱，也不会站在舞台上任由挑拣。就像那次我逼婚一个人，他却对我说，你不是我理想的妻子，我期待你更瘦一些，更白一些，更乖巧一些。只有你达到了一种状态，我满意了，我才会娶你。

那么，对不起，我不是你理想中那个瘦如风的女孩，也不是你想象中的那只乖巧的小白兔，我是真实的，有缺憾的，有感情的，同样也是有自尊的女人。当你反反复复比较时，我已在失望中，假装无情地离开。或许会有遗憾，或许会有不甘，但我不期待，爱情的唯一衡量只是条件。

那只能说明，我们还不够爱。爱无需选择，无需争执，无需衡量，它自会发声。所以，在确定我们的爱情之前，你一定要想明白，这是情感安全的归属，还是一种条件的诱惑。在诱惑面前，我们有可能会无力抵挡，但现实会给我们当头一棒。

中国式相亲，一场失败的表演。若只是表演，那我就当电视剧看了，若这不是一场表演，那或许是我们的确太可悲了。

这世间最珍贵的就是爱，它难得可贵的一点在于，无法衡量。如果还能选择，如果还有退缩，那一定是不够爱，这和不爱没什么区别，结果都会失败。

因为爱，从来不是即兴表演。

你那些年做过的大事，吹过的牛皮

今天，坐在我旁边和我一起吃火锅的女孩，又一次对我感慨："我就是不想写，我要是一出手，肯定是畅销书作者。"

她后面说什么，我真的没有听清楚。如今，我好像拥有了一种超能力，耳朵会自动屏蔽不想听的言语。经常是对方对我说了很多，我能接受的信息却很少，很少。

三年前，这个女孩就对我说过，她心中有许多故事，要把它写下来，但那些故事还不完整，她没有办法给这个故事一个结局。她在等岁月的打磨，时间的蹉跎，让这个故事成熟。遗憾的是，走过了三年，她的文字还活在期待里，并无成型。

我知道这个世界上有个词，叫大器晚成。但我相信，一个一直活在自己造梦工程里的人一定没有办法明白，要想成为一个真正的写作者，就要先打败自己的期待，打败惰性。在逐渐去写作的时候，你会认识到自己的浅薄，再去拼命地补充能量。但一直站在文字和故事外面的人，却经常会觉得自己怀才不遇。

我最初写作时，是大三，那时被骗了一万多的学费（我是美术生，学费比较贵），我又不敢告诉父母，所以只好去做兼职。大三时能做什么呢？除了家教，就是写作。

我找了一份家教，就是监督一个小女孩完成她的家庭作业。我每天去得很早，回来得很晚，小女孩的考试我比她还要担忧，怕她考不好，也怕我被解雇。

写作呢，我记得当时最初所做的和写作有关的事情就是为一个网络小说作家写故事大纲，她随便给我一个开头，我就开始想往下会发生什么故事，为她提供思路。

那本是兼职的活，我却干得很带劲，经常为她想很多个故事的开头和结尾，她很满意，时常赞叹："你去写作吧，去写小说，写故事，不去写作太可惜了，你这想象力太丰富了。"

我并没有太在意，毕竟当时赚钱比接受表扬更重要，因为我还有压力，有学费要还。

大四的时候，有同学在找工作，也有同学在考研，我不知何去何从。

那个小有名气的网络小说作家一直建议我去写小说。于是，我决定去考北京电影学院的研究生，自己好像获得了一种神奇的力量，自认为是有写故事的天赋。

我去考北京电影学院时，就住在那所学校的地下室，为了避免潮湿，我特意选了一个带窗户的房间。真是庆幸啊，每个晚上我都能待在那个房间里看到外面的黑夜。天色特别好的时候，每个能看到星星的晚上，我都觉得人生很幸运，然后，我一定会许愿，虔诚地许愿，希望星星能带给我希望。我那时的理想除了是做一个作家和编剧之外，还期待有一天能住到地面之上，不再像一只卑微的老鼠一样躲在地下室里。

我每天都在写作，写啊写，直到我找到工作，是做一名配饰设计师。白天上班，晚上回到家，我依然写作，就是停不下来，很想倾诉，却没有朋友，一种道不出来的孤独感。我看书，不停地看书，各种书，一遍又一遍，直到今日，我依然很喜欢翻书时那种沙沙的声音，很清脆，像是晨间的鸟鸣，像是轻咬美味的薯片。

我当时的老板毕业于清华美院服装系，她很支持我写作，经常对我说："你做完手里的工作，就赶紧去写作哈，别耽误时间。"

于是，我一边在酒店里帮着做各种配饰的活，摆各种配件，一旦闲下来，就会构思故事，把一些段落记下来，晚上的时候把故事写出来。虽然那段时间很辛苦，我却享受其中，我总觉得自己以后会写很多的故事，一些故事被出版，一些故事会被拍摄成影视作品。每次想到这些，我就很开心，觉得人生充满挑战，真的很累，但也满是乐趣和希望。

而后，我辞职来到《意林》，成为了一名编辑，一名公益演讲师。我经常出差，去很多城市，很多学校，见很多人群，很多风景，但每当夜色落幕，安静下来，我知道这些都不属于我。真正属于我的就是写作，在文字之间找到平静的力量。

我真的很喜欢黑夜，包括写下这些文字，也是在黑夜中。黑夜，让世界安静，也让所有人冷静，我钟爱黑夜带给我的平静。王小波说，一个人只有今生今世是不够的，他还要有诗意的世界。我想，我已经找到了这诗意的世界，那就是写故事，各种不同的男孩、女孩的故事。

我之前总是混混沌沌的，每隔一段时间都会叫嚣，说自己迷茫，可自从写作以后，我开始认识到时间的宝贵。除去上班、睡觉的时间，我恨不得把所有的时间都拿出来写作，当然，我也想过辞职当专职作家，尤其是看了村上春树所写的《我的职业是小说家》，我更想辞职。我看到身边的作者，他们几乎都是辞职去做专职作家的，一个月后，一个男作者发了一个状态："辞职了一个月，写了一千个字。"所以，一边工作，一边写作的方式固然辛苦，至此我再也没有想过辞职去写作。

我只能把所有的时间，打磨成一个个流动的书桌，地铁上、火车上、飞机上，去宾馆的路上，只要我能拥有的大段的时间，我都会拿来构思或写作。我很享受这样的时刻，这是属于我一个人的浪漫，也是我一个人的精神世界。

有一次我去洛阳讲课，但那天一直在拉肚子，虽然吃了药，但我站着讲课时，依然浑身冒汗，真是尴尬啊，但我只能忍着，一动不动地站着。结束的时候，我跑到洗手间，居然哭了。在做很多事情之前，我们根本不知道去做它有没有意义，能够带给自己什么，而是做了之后，你赢得的那些掌声，那些呼唤，还有更好的自己，更勇敢的状态，或许才是对成长最好的回答。

从洛阳出差回来，第二天，当我看到自己的书被出版时，内心非常平静，突然觉得一切都值得，真的都值得。你没有走过那些路，那些尴尬到永生难以忘记的时刻，你就不会懂得一个人在成长中挣扎是怎样的感觉，你没有吃过那些苦，那些住在半地下室数着星星许愿的美好，以及去吃快要过期的面包的辛酸，你就不会珍惜每一个闪光的时刻。

我想告诉那个陪我吃火锅的，一直喋喋不休地在我面前说自己能写很多故事的女孩："去写吧，任何事情真实地去做起来，都有些难。"

就像我那几个热衷于创业的小伙伴又聚在了一起，商讨要做一件大事。从在街头加盟奶茶店，到跑到798开咖啡馆，再到五道营开外贸店，再到宋庄去开画廊……喷完以后，大家还会说，记得联系，再联系哈。事实上，他们从没有因为事业再聚过会。一旦见了面，事业又会成为头等重要的大事，大家商量不停。

我其实挺怕那样的场景——我们每个人都在商量，可以做什么，可以完成什么，拥有怎样的梦想，说起来气势磅礴，不过是虚张声势，哄哄别人，欺骗自己。那些年，我们要做成的大事，吹过的牛，一件都没有完成。

我带着梦想一路走来，一不小心走到了现在。我清楚地知道，若三年里都没有写出任何的故事，任何的文章，我相信十年、三十年，只要不动笔，不构思，永远无法书写出动容的故事。

我依然相信这个世界上有大器晚成，但我们不要活在乌托邦里，成为真正的写作者，要么出于热爱文学，要么出于恐惧时光的流逝，想记录所有的路过。但都是要走过一段辛苦的时光，无一例外。

后记：
只有你去过更远的地方，才知道哪里是远方

每次新书的后记都是我最期待的环节。不知不觉，我已经写到了第三本书的后记。一直追着我的书看的读者会给我留言，最喜欢看你写的后记了，我们都爱无比真实的你，更爱一路跌宕却一直善良的你。

的确，每次写后记，都会翻看之前写的后记，还真是觉得比之前成长了那么一点点。毕竟每一年都会看那么多书，走那么多路，总归该是有长进的。

一位拍纪录片的导演说："每次开始拍一个纪录片的时候，我内心里的感受就是站在一个万丈深渊的悬崖上面，脱光了衣服，然后全裸着跳下去，自由落体，把自己投向万丈深渊。"

在他看来，不妥协，就是他的翅膀，他坚信自己会在落地摔得粉身

碎骨之前，长出翅膀，继续翱翔在天空中。

可能与他的乐观不同，每次开始写一本书，我都觉得自己站在了一片森林外面，那里没有别人，只有我自己。我对自己说，跑过去，跑过去啊，于是，白天，我听到自己摸索的声音，晚上，我能听到自己的心跳。在文字面前，我真的停不下来思考。

与前面两本书的书写方式不同，第三本书我几乎都是戴着耳机，听着轻音乐来写的。如果前面两本书是在流动的书桌上完成的，那么第三本书，我应该是在一个写作的房子里温和地写完的，我的心情是那么平静，每当钢琴曲到了高潮的部分，我反而写得更快乐。

我的一个朋友总是笑我。在键盘上打字，我只会用两个手指按键，就用这两个手指来打字。每天都在写，一年也要敲出几万个字。他笑我笨，难得可贵的是，我依然用这个错误的姿势，最笨的姿势完成了三本书，完成了我的写作梦想。

上个月去洛阳出差，当地的朋友带着我去了少林寺。那天，恰好夕阳落下，行人渐少，从我们面前走过一队高矮不一的孩子，他们穿着少林寺僧人的服饰，应该是刚下课归来。走在队伍最后的是一个瘦弱的小女孩，看上去楚楚动人。我看得心疼，走上前问她能不能合影，她看向老师。老师点点头。

我问她，你觉得苦吗？累不累这一天？

她只是笑，然后跑向了队伍，依然乖巧地随着队伍往前走去。好像刚刚的一幕没有发生。我耐心地看着她的背影，直到她快要走到一个院子里，门要关的时候，她看着我突然挥挥手，然后哭了起来。

从笑到哭，从欣喜着相逢到悲伤地离别，从开始到结束，时间可长可短，但这一幕会一直留在我的心里。我默默地对自己说，一定要常常来看这个小女孩，给予她我所有的温暖。若有时间了，也不妨住在这少林寺的农家小院，看书、写字，或者什么都不做，只看日升日落。

我知道，所有读我书的人，或许都是我生命中的这个女孩。

要么是我奔命着去看你们的路上，要么是你们来看我时，满怀欣喜。但不管是谁走向谁，我都很开心。至少我们不用假装无情，至少我们真心以对，至少我们在这一刻遇见了，至少我的文字温暖过你，甚至让你有时想哭、有时想笑、有时想停下脚步思考……

前几天，我去给一个暑期档的新片写影评，提前看了一场只针对媒体和作者的电影。电影结束后，主演亲自出来道谢。这些年，这个主演是我一直特别喜欢的女孩，我感慨，时光已经把台下她的粉丝催老了，她俨然还是一枚元气少女，清澈而美好。

很多人问她问题。其中一个人说："若给你一次机会，让你回到过去，你选择回到哪里呢？"

那个演员却说："我不愿回去，活好当下就够了。过去太累了。为了拍电影，为了成长，我受过太多伤。我不能回去，现在的我回去，看到过去那么辛苦，真的会哭。"

突然觉得她说得很对，过去的回忆那么美，可是迫不得已，我们都不会回去吧。就像我也无法回到写前面两本书时的心境，往前走，这不是一句鼓励，也不是鸡汤，而是一种使命和召唤。

我不知道你是怎么遇见我和我的文字，或许有些人一直追着看我的书，看到了第三本吧，还有一些微信公众号和微博的读者，他们经常问我何时出新书。现在，我带着我的新书，带着我新的一年的故事来了。

写作这么多年，经历很多，我的善良，我的隐忍，我的好脾气，都还在，我还是那个没有刺的女孩。但每一次和你们相遇，都是一次重要的时间节点。

那个期待绝处逢生的导演，那个关上门就哭的少林寺女孩，那个不想回到过去的女演员，似乎都是我生活中，性格上的另一面。

我的灵魂因为遇见了他们，变得丰富。

我的生命因为遇见你们，变得与众不同。

前行的路上，我期待一束光，我知道，那束光，只有你们才能给予我。

愿你们早安，午安，晚安。难过的时候，请想到我，悲伤的时候，请听一首歌，快乐的时候，与最爱的人分享。永远不会绝望，也没有绝境，平平静静，简简单单，像个孩子一样容易满足，也像个大人一样走在街头，不准回头看从前，对未来充满期待，这样就很好。

而我，只愿做那个陪你看日落的人。永远。

韦娜
2017 年 6 月 13 日
于北京 24 小时书店

图书在版编目（ＣＩＰ）数据

做自己才是真正的"贵族" / 韦娜著. -- 北京：中国友谊出版公司，2017.8
ISBN 978-7-5057-4160-7

Ⅰ. ①做… Ⅱ. ①韦… Ⅲ. ①成功心理－通俗读物 Ⅳ. ①B848.4-49

中国版本图书馆CIP数据核字（2017）第196931号

书名	做自己才是真正的"贵族"
作者	韦娜
出版	中国友谊出版公司
发行	中国友谊出版公司
经销	新华书店
印刷	北京盛通印刷股份有限公司
规格	880×1230毫米　32开 8.5印张　200千字
版次	2017年9月第1版
印次	2017年9月第1次印刷
书号	ISBN 978-7-5057-4160-7
定价	38.00元
地址	北京市朝阳区西坝河南里17号楼
邮编	100028
电话	（010）64668676